ゼロからはじめる【スカイプ】

Skype ［改訂2版］

スマートガイド

リンクアップ 著

技術評論社

CONTENTS

Chapter 1 Skypeの基本

Chapter 2 Skype for Windows 10を設定しよう

Chapter 3 Skype for Windows 10を利用しよう

Chapter 4 デスクトップ用 Skype を利用しよう

Chapter 5 スマートフォンで Skype を利用しよう

CONTENTS

Chapter 8
Skype をもっと活用しよう

Chapter 9
Skype のトラブル対策

CONTENTS

Skypeの基本

Section 01

Skypeとは

Skypeとは、音声通話、ビデオ通話、チャット（インスタントメッセージ）で世界中のユーザーと会話できるサービスです。無料で高音質の通話が楽しめたり、かんたんにオンライン会議ができたりと、魅力的な機能が満載です。

Skypeの特徴

Skypeは、インターネット回線を利用して、相手と通話やチャット（インスタントメッセージ）を楽しめるマイクロソフト社の通信サービスです。アカウントをもつユーザーどうしなら、長時間利用しても通話料は一切かかりません。固定電話や携帯電話との通話料金も格安で、従来のキャリア（通信事業者）が手がける通話サービスにかわるツールとして注目を集めています。
パソコンのほか、スマートフォン（iPhone ／ Android）やAlexa、Xbox Oneなど対応端末も増えており、どの端末でも同じアカウントで利用できるのも大きなメリットです。

●音声通話
国内だけではなく、海外でも無料で通話ができます。固定電話や携帯電話との通話も、有料ですが可能です。

●チャット（インスタントメッセージ）
テキストや音声のメッセージを相手に送信できます。特定のグループ内でのチャットも行えます。

●会議
ビデオ通話や音声通話を使用して、複数のユーザーと会議をすることができます。

●共有
通話中の相手に、写真やビデオ、Officeの各種ファイルを、送信できます。

Memo **Skype for Windows 10とSkype for Windowsの違い**

Skype for Windows 10はWindows 10に含まれていて、Windows UpdateやMicrosoft Storeで最新版に更新できます。一方、Skype for Windowsは、公式サイトのインストーラーをダウンロードしてセットアップを行います。なお、Skype for Windows 10は、最新版へ更新することでSkype for Windowsとおなじ機能を利用できます。

Skypeの対応端末

Skypeは、パソコンのほか、iPhoneやAndroidなどのスマートフォン、iPadやKindle Fire HDなどのタブレット端末などでも利用できます。
パソコンで利用する場合は、公式サイトからアプリ（Windows用／Mac用）をダウンロードして、インストールします（Windows 10では初期状態でインストール済み、Mac用はSec.23を参照）。また、インターネット回線が利用できる環境であれば、アプリをダウンロードせずに、Webブラウザーで手軽に利用することも可能です。スマートフォンで利用する場合は、公式のオンラインストア（iPhoneはApp Store、AndroidはPlayストア）からアプリをインストールします。Skypeを利用するには、アプリのほかにMicrosoftアカウントまたはSkypeアカウントがあると便利です。

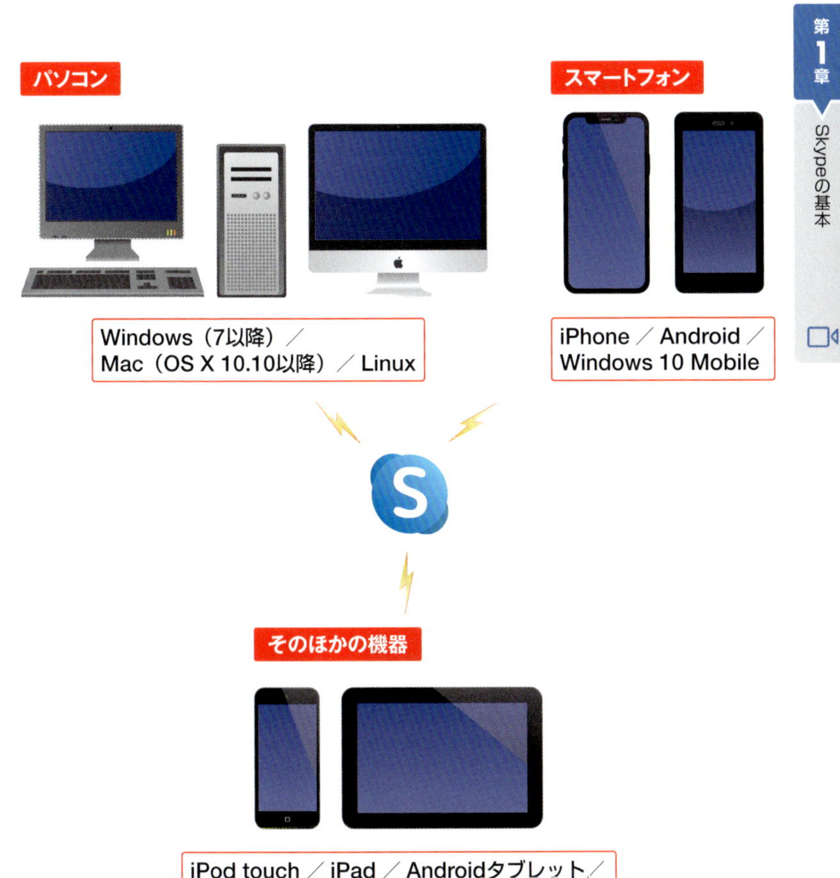

Section 02

電話との違い

インターネット回線を利用するSkypeは、一般的にIP電話に分類されますが、ほかのIP電話と大きく異なる点もあります。固定電話や携帯電話、ほかのIP電話のサービスとの違いを把握しておきましょう。

Skypeと電話の違い

固定電話は、発信場所を問わず、常にクリアな音声で相手とスムーズに会話ができます。ただし、両者の距離と通話時間に応じた料金がかかります。携帯電話の料金は、距離に関係なく全国一律ですが、全体に割高です。また、固定電話や携帯電話から海外への発信は高額になるので、国際通話には向いていません。
一方、Skypeの通話料は無料です（ただし、利用するインターネット回線によっては、プロバイダへの接続料金がかかります）。しかも、固定電話や携帯電話のように電話会社と契約を結ぶ必要がなく、全世界で通話が可能です。ただし、「110」や「119」といった緊急電話は利用できません。

Skypeと電話の比較

	固定電話	携帯電話	Skype
通話料	長距離になるほど高くなる	距離に依存しないが、固定電話より割高	ユーザー間は無料 電話への発信は割安
音声の質	高	中	高
安定性	高	低	中
回線工事・契約	必要	必要	不要（別途インターネット回線は必要）
セキュリティ	中	中	高
メリット	音質がよい 信頼性が高い	外出先から通話できる 通話料は全国一律	グループ通話ができる 通信速度が速い 国際通話にも使える
デメリット	盗聴の恐れがある 国際通話には不向き 加入権や電話機が必要	盗聴の恐れがある 通話の安定性に欠ける 契約手続きが必要	緊急電話が利用できない

SkypeとIP電話の違い

IP電話とは、インターネット回線を利用した電話サービスです。基本料金も通話料も固定電話に比べて格安に設定されています。電話番号は、固定電話の番号を移行するか、050で始まる専用番号を取得します。
Skypeも、広い意味ではIP電話に含まれます。Skypeは同時に多くのユーザーがいたり、画像や動画などのファイル、画面を共有したりすることによる通信障害や通信速度の遅延が起こらないように「クラウドホスティングサービス」を採用しています。そのため、会議や面接のツールとして利用できるといったメリットがあります。
ただし、Skypeには初期状態では固有の電話番号がないので、固定電話や携帯電話と通話をするには有料サービスへの申し込みが必要です。

SkypeとIP電話の比較

	IP電話	Skype
通話料	同じプロバイダ、ケーブルテレビ事業者のIP電話間は無料／固定電話や携帯電話より安い	距離に依存しないが、固定電話より割高
音声の質	中	高
安定性	中	中
緊急電話	利用できない場合が多い	利用できない
利用回線	プロバイダ、ケーブルテレビ事業者の光回線など	（既存の）インターネット回線
専用番号	専用番号（固定電話からの移行番号、050番号）	Skype番号（有料サービス）
メリット	国内での通話料が距離に依存せず割安（国際通話は固定電話と同じ）	グループ通話ができる 通信速度が速い 国際通話も安く利用できる プロバイダ、事業者との契約が不要
デメリット	緊急電話が利用できない（一部を除く） プロバイダ、事業者との契約が必要 他社のIP電話への通話は有料 音質、安定性が低い セキュリティに難がある	緊急電話が利用できない 日本ではSkype番号で発信者番号通知ができない

Memo SkypeとLINEの違い

Skypeと同じく、無料で通話やチャットを楽しめるサービスに「LINE」があります。Skypeは、LINEに比べると通話が高音質・高画質です。また、電話番号の登録が必要ないので、1台の端末でアカウントを使い分けることもできます。

Section 03

Skypeを利用する準備をしよう

アプリをダウンロードせずにWebブラウザーで利用する方法もありますが、より多くの機能を利用できるように、公式サイトからアプリをダウンロードしましょう。Windows用とMac用、Linux用のいずれも無料で入手できます。

WindowsのSkypeの利用条件

WindowsパソコンでSkypeを利用するためのアプリは2種類あります。

Skype for Windows

Windows 7（32ビットおよび64ビットバージョン）以降、すべてのWindowsパソコンで利用できるアプリで、Skypeの公式サイトからダウンロードして、パソコンにインストールします（詳細な要件は下記表を参照）。Windows 10でも利用可能です。

Skype for Windows 10

Windows 10のバージョン1607および1703、1709以降で利用できるアプリです。最新のWindows 10には、Skype for Windows 10が標準で搭載されています。インストールは不要で、Microsoftアカウントによるサインインだけですぐに利用できます。

そのほか、音声を入力するマイク、音声を出力するスピーカーまたはヘッドフォン（イヤホン）、さらにビデオ通話を利用するにはWebカメラも必要です。これらの機器がパソコンに搭載されていない場合は、別途用意しましょう。マイクとヘッドフォンが一体になったヘッドセットがあると、ハンズフリーで通話ができて便利です。

●Skype for Windows

OS	Windows 7（32ビット、64ビット）／8／8.1／10
プロセッサ	1GHz以上
RAM	512MB以上

● 必要な機材

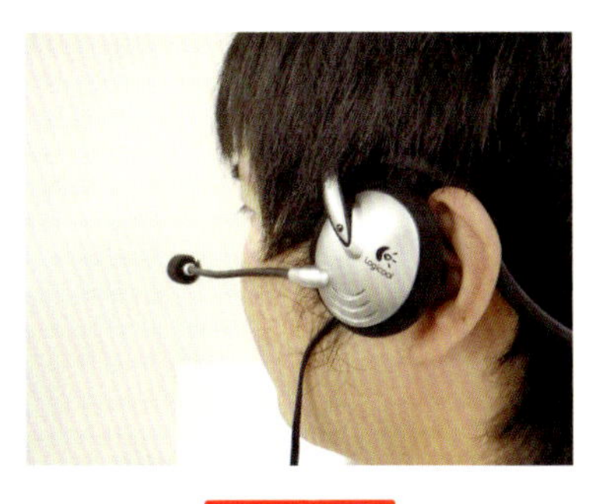

ヘッドセット

Webカメラ

MacのSkypeの利用条件

MacでSkypeを利用するには、Skypeの公式サイトから「Skype for Mac」をダウンロードして、パソコンにインストールします。対応OSは、macOS 10.10以降です（詳細な要件は下記表を参照）。
Macの場合、ほとんどの機種にマイクやスピーカー、カメラが搭載されてますが、一部に例外（Mac mini、Mac Proなど）もあるので、必要に応じて別途用意しましょう。

● Skype for Mac

OS	macOS 10.10以降
プロセッサ	1GHz以上のインテルプロセッサ（Core 2 Duo）
RAM	1GB以上

Memo　Skypeに必要なインターネット環境

パソコンでSkypeを利用するには、一定速度以上のインターネット環境が必要です。音声通話の場合は下り100kbps／上り100kbps、ビデオ通話の場合は下り300kbps／上り300kbpsの速度が推奨されています。必要に応じたインターネット回線を準備しておきましょう。

Section 04

アカウントを作成しよう

SkypeはアカウントがなくてもWebブラウザーで利用できますが、アプリで利用するにはMicrosoftアカウントが必要です。なお、Windowsサインイン用にMicrosoftアカウントを作成済みの場合は、そのアカウントを利用できます。

Microsoftアカウントを作成して利用する

1 Webブラウザーで「http://www.skype.com/ja/」にアクセスします。

スタート
http://www.skype.com/ja/
入力する

2 ＜サインイン＞→＜サインアップ＞の順にクリックします。

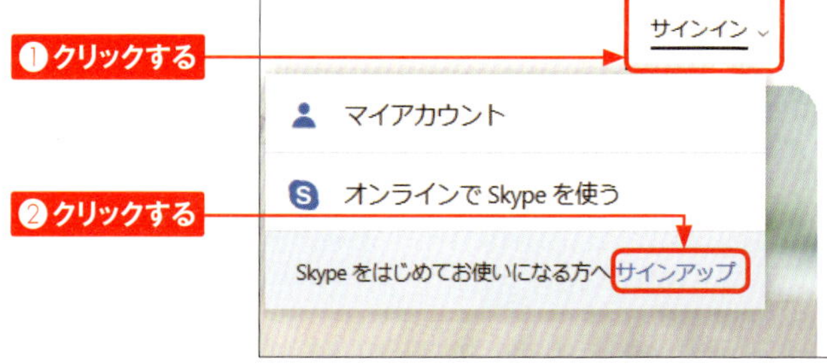

3 ＜または、既にお持ちのメールアドレスを使う＞をクリックします。

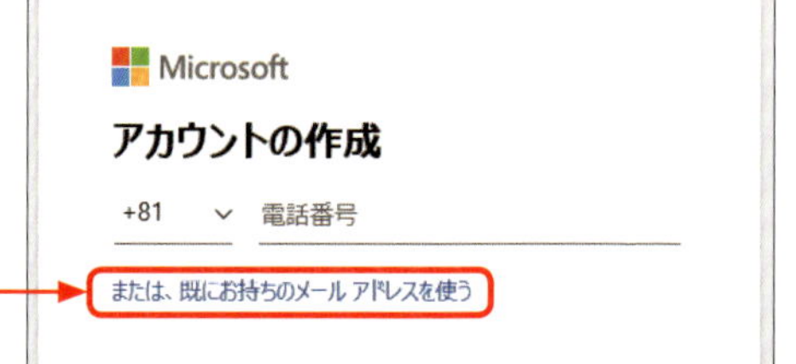

4 ＜新しいメールアドレスを取得＞をクリックします。

5 メールアドレスを入力して、＜次へ＞をクリックします。

6 パスワードを入力して、＜次へ＞をクリックします。

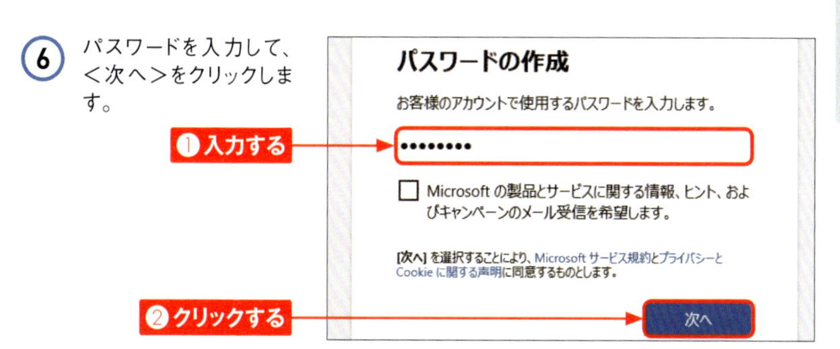

7 姓と名を入力して、＜次へ＞をクリックします。文字または音声認証を行い、＜次へ＞をクリックすると、アカウントが作成されます。

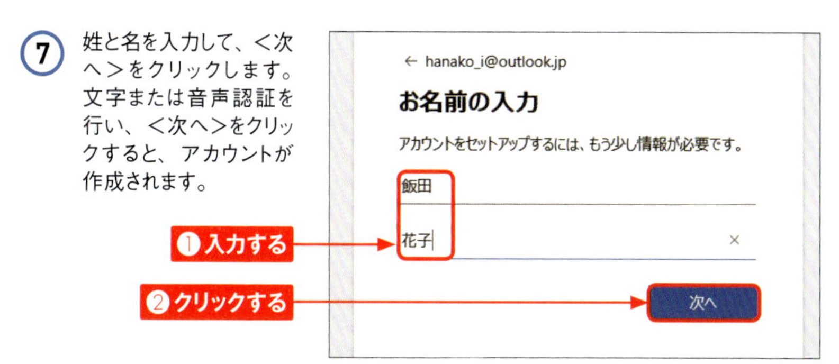

Memo Webブラウザーでゲストとして利用する

Microsoftアカウントを作成せずゲストとして利用する場合は、会話を保存をすることができません。しかし、チャットや通話をはじめ、会議に招待したり、参加したりすることができます。ゲストとして会議に参加する手順はSec.22を参照してください。ここでは、会議に招待する手順について解説します。

1 Webブラウザーで「https://www.skype.com/ja/」にアクセスし、<会議を作成する>をクリックします。

タップする

2 必要に応じて「トピック」を編集して、<無料の会議を作成>をクリックします。

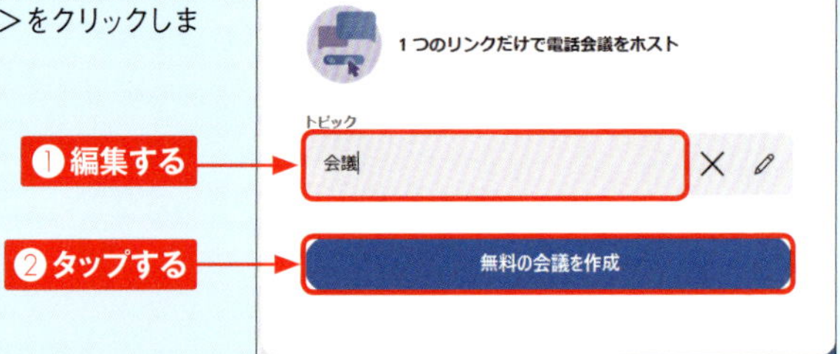

3 リンクが作成されます。<招待を共有>をクリックしてリンクを参加者に共有し、<通話を開始>をクリックして利用を開始します。

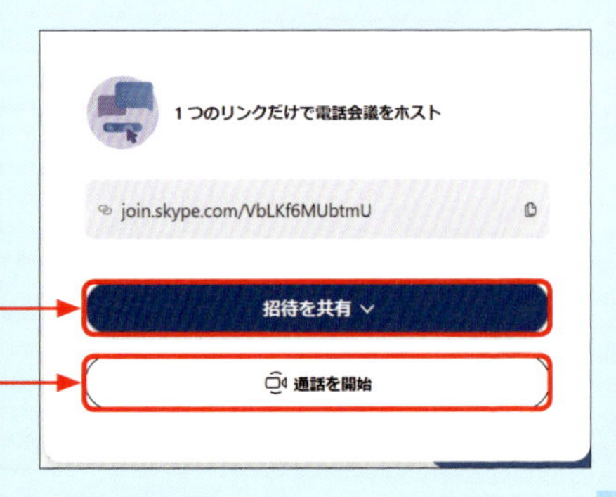

①タップする

②タップする

Skype for Windows 10 を設定しよう

Section 05

Skype for Windows 10にサインインしよう

サインインとは、自分の個人情報の確認を経て、オンラインサービスを利用できる状態にすることを指します。また、オンラインサービスの利用を終了し、接続を断つことをサインアウトといいます。まずは、Skype for Windows 10にサインインしてみましょう。

サインインする

1 デスクトップ画面の⊞をクリックし、<Skype>をクリックします。

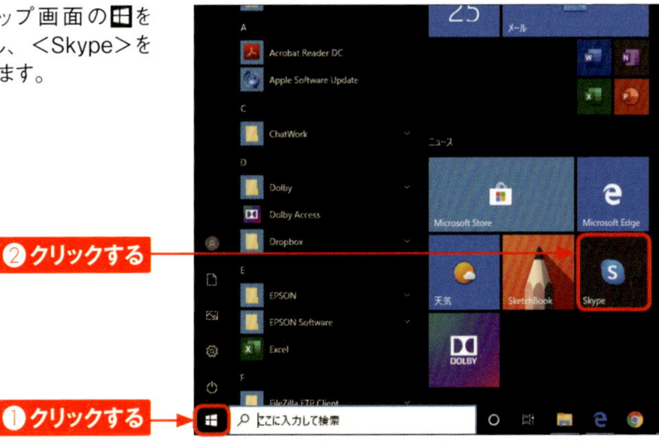

2 <サインインまたは作成>をクリックし、Microsoftアカウントを入力して、<次へ>をクリックします。

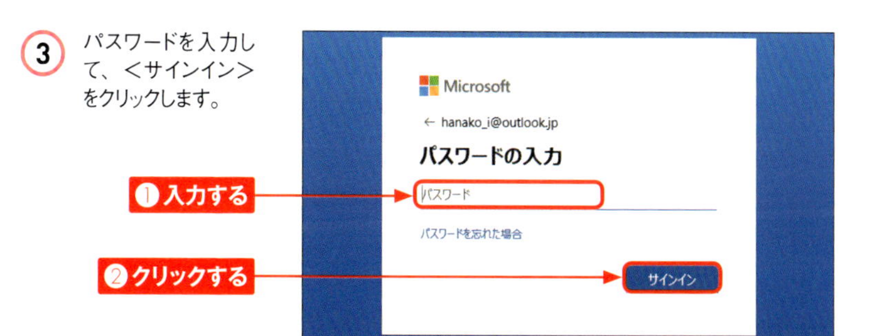

3 パスワードを入力して、<サインイン>をクリックします。

4 プロフィール画像の設定やオーディオ、ビデオのテスト画面は<スキップ>をクリックします。

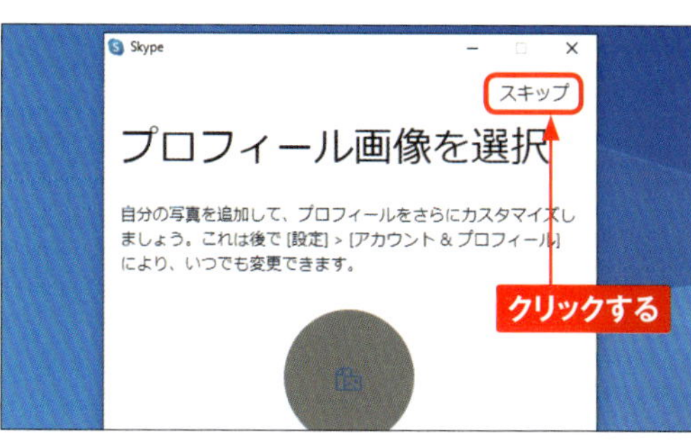

5 連絡先検索の画面が表示されるので、<OK>をクリックすると、ホーム画面が表示されます。

Memo Microsoft StoreからSkypeを最新版に更新する

デスクトップ画面からMicrosoft Storeにアクセスし、画面右上の…→<ダウンロードと更新>の順にクリックします。<最新情報を取得する>をクリックすると、ダウンロードが開始されます。更新が完了すると、「最近のアクティビティ」で確認できます。

ダウンロードと更新
最近のアクティビティ
Skype アプリ
映画 & テレビ アプリ
Microsoft Sticky Notes アプリ
Windows カメラ アプリ

Section 06

Skype for Windows 10の画面構成

Skype for Windows10にサインインした直後に表示されるホーム画面の構成やアイコンの機能を確認しましょう。また、チャット画面の構成や便利なコミュニケーションツールを解説します。

ホーム画面構成

❶	自分のアイコン	ログイン状態の変更を行います
❷	メニュー	設定画面の表示やサインアウトを行います
❸	検索	ユーザーやグループを検索します
❹	ダイヤルパッド	電話番号を入力して、発信します
		⓫国際通話の場合は、国を変更します
		⓬クリックして電話番号を入力します
		⓭クリックして発信します
❺	チャット	最近のチャットを表示します
❻	通話	最近の通話を表示します
❼	連絡先	連絡先に追加されているユーザーを表示します
❽	通知	メンションなどチャットに関する通知を表示します
❾	会議	オンライン会議を利用できます
❿	新しいチャット	チャット相手を選択できます

チャット画面構成

❶	ギャラリー	チャットに送信された画像を表示します
❷	検索	チャットに送信された単語を検索します
❸	ビデオ通話	ビデオ通話を発信します
❹	音声通話	音声通話を発信します
❺	メンバーの追加	追加メンバーを選択します
❻	絵文字ピッカー	さまざまなエモーティコンを選択できます ⓫絵文字を選択できます ⓬GIF画像を選択できます ⓭ステッカー（スタンプ）を選択できます ⓮動くステッカー（スタンプ）を選択できます
❼	ファイルを追加	ファイルや画像を送信します
❽	連絡先を追加	連絡先を共有します
❾	音声メッセージ	音声メッセージを録音、送信します。
❿	オプション	通話の予定設定や投票機能を利用できます

Section 07

プロフィールを編集しよう

プロフィールに誕生日や住んでいる地域などの個人情報を追加したり、コメントを記入して自己紹介をしたりすることで、あなたのアカウントであることが相手にわかりやすく表示されます。過度な個人情報は控え、自分らしいプロフィールを作成してみましょう。

プロフィールを編集する

1 ホーム画面の ••• →＜設定＞の順にクリックします。

2 ＜自分のプロフィール＞をクリックします。

3 ＜プロフィールを編集＞をクリックします。

4 プロフィールを入力して、＜保存＞をクリックすると、内容が変更されます。

Memo プロフィール画像を設定する

プロフィール画像を設定すると、自分のアカウントのアイコンとして、ほかのユーザーにも表示されます。
設定するには、手順②の画面で＜写真を追加＞→＜写真をアップロード＞の順にクリックし、設定したい画像を選択します。

Section 08

ログイン状態を変更しよう

ログイン状態を表示することで、自分が相手からの連絡に応答できるか、できないかをあらかじめ相手に知らせることができます。ログイン状態は画面左上のプロフィールアイコンに表示され、手動で変更可能です。

ログイン状態を変更する

1 ホーム画面で＜プロフィール画像＞をクリックします。

2 ＜アクティブ＞をクリックして、変更したいログイン状態（ここでは＜退席中＞）をクリックします。

Memo ログイン状態の種類

ログイン状態には、4つの種類があります。「アクティブ」はサインインしていて通話が可能な状態、「退席中」はサインインしているが通話はすぐにできない状態、「応答不可」はサインインしているが通話を受けたくない状態（メッセージ送付は可能）、「ログイン状態を隠す」は、ほかのユーザーから見るとサインアウトと同じ状態になります。

Section 09
サインアウト／サインインしよう

1つの端末で複数のアカウントを使用する場合や、1つの端末を複数の人数で使用する場合には、アカウントを不適切に利用されないようにサインインとサインアウトを適宜行うことが望ましいとされています。

サインアウト／サインインする

1 サインアウトするには、ホーム画面の･･･→＜サインアウト＞の順にクリックします。

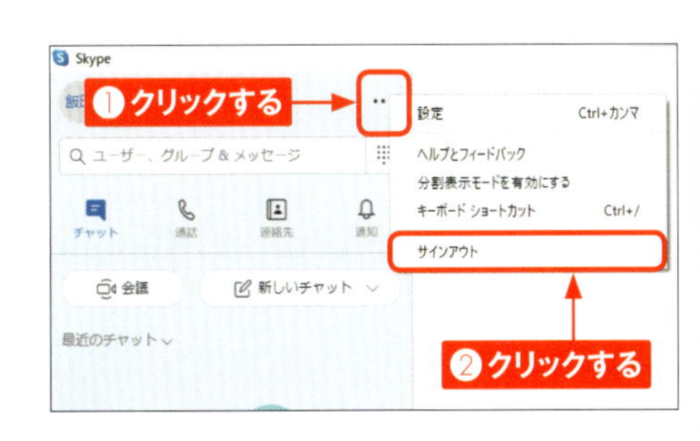

2 サインインするには、＜サインインまたは作成＞をクリックし、Microsoftアカウントを入力して、＜次へ＞をクリックします。

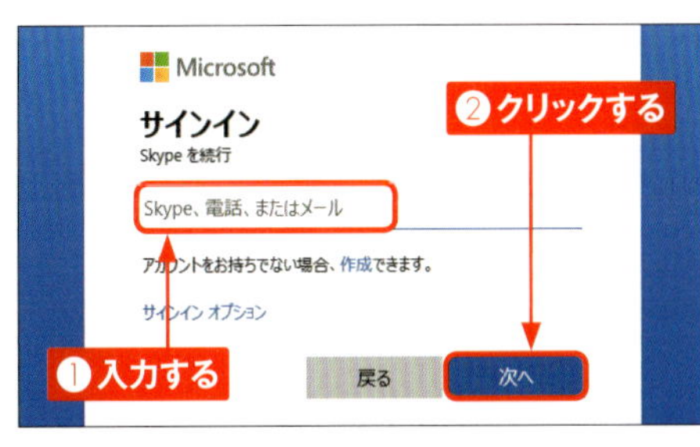

3 パスワードを入力して、＜サインイン＞をクリックします。

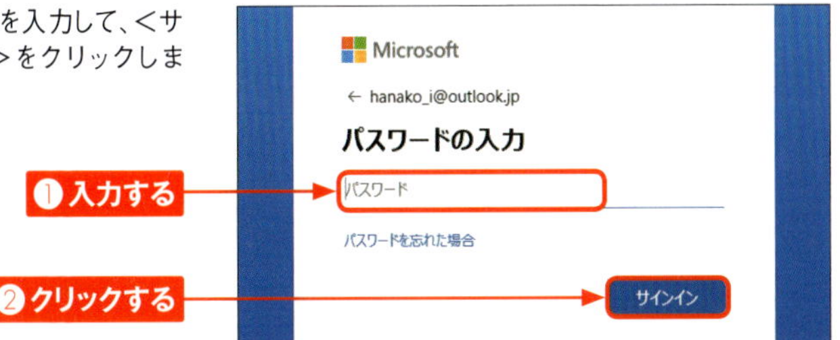

Section 10

終了／再起動しよう

サインアウトせずにアプリを終了すると、サインインした情報がそのまま残ります。そのため、再起動時にはアカウントやパスワードの入力が省略されて、同じアカウントのホーム画面が自動的に表示されます。

終了／再起動する

1 画面右上の×をクリックすると、サインイン状態のまま画面が閉じます。

2 再起動するには、デスクトップ画面の⊞をクリックし、スタート画面の<Skype>をクリックします。

3 前回と同じアカウントのホーム画面が自動的に表示されます。

Skype for Windows 10を利用しよう

Section 11

連絡先を追加しよう

相手と通話やチャットを楽しむためには、互いの連絡先を追加する必要があります。連絡先追加の承諾が得られない場合は、通話やチャットでの会話はできず、一方的にメッセージを送信することしかできません。

相手に連絡先追加のリクエストを送信する

1 ホーム画面で🔍をクリックします。

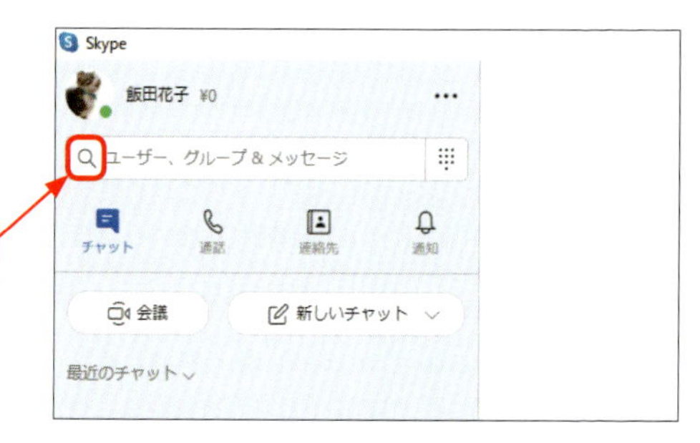

2 検索する相手の情報（ここでは「名前」）を入力します。

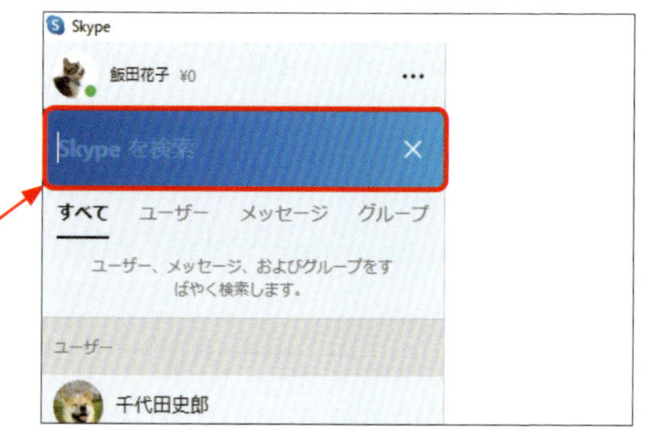

Memo 検索できる相手の情報

相手がプロフィールに登録している情報を入力することで、検索することができます。名前・メールアドレス・電話番号・Skype名のいずれかの情報を入力することで、検索結果が表示されます。

3 検索結果が表示されたら、相手の名前（ここでは<代田友美>）をクリックして、チャット画面を開きます。

4 <連絡する>をクリック、または任意のメッセージを入力したら、▶をクリックして送信します。

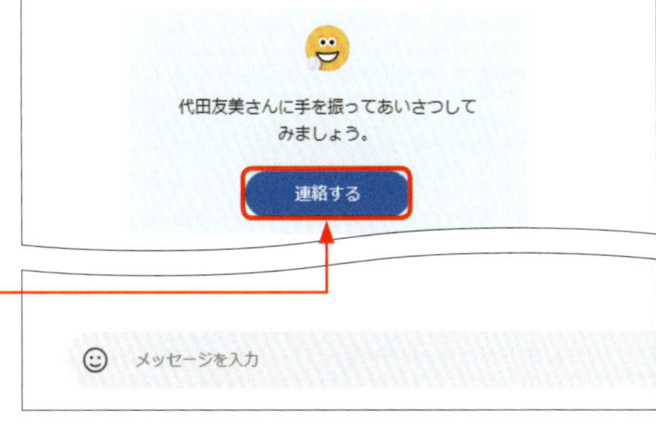

5 連絡先追加のリクエストが送信され、承諾の待機画面が表示されます。

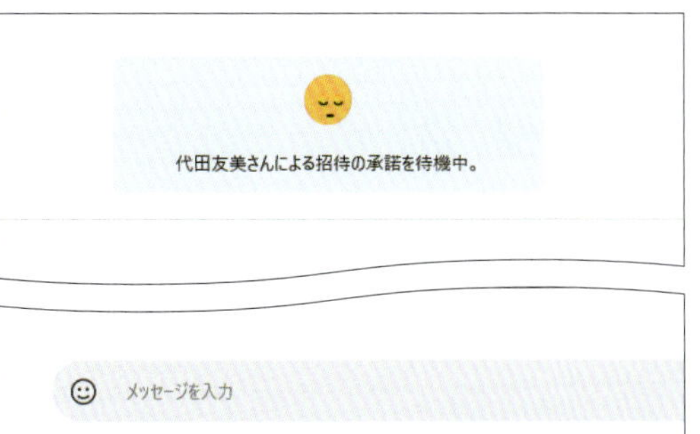

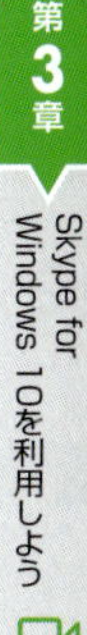

Memo **連絡先追加のリクエスト送信時の注意点**

連絡先追加のリクエストは、何度でも送信できますが、万一誤送信をしてしまっても、取り消すことができません。何度も送信すると、相手からスパムとして報告され、アカウントを停止される可能性もあります。

Section 12

連絡先追加のリクエストを承諾しよう

相手から連絡先追加のリクエストとしてメッセージやスタンプが送信されると、ホーム画面に通知されます。こちらが承諾していなくても、相手が一方的にメッセージを送ることは可能なので、知らない相手からのリクエストは拒否しましょう。

連絡先追加のリクエストを承諾する

1. 連絡先追加のリクエストが送られてくると、「チャット」に表示されます。相手の名前（ここでは<飯橋拓也>）をクリックします。

2. チャット画面が表示されるので、<承諾>をクリックします。

3 互いの連絡先が追加されました。

4 メッセージを入力して、▶をクリックして送信します。

Memo 連絡先追加のリクエストを拒否する

連絡先追加のリクエストを拒否したい場合には、手順②の画面で<ブロック>をクリックし、表示される画面でもう一度<ブロック>をクリックします。このとき、「この人からの迷惑行為を報告」の⚪を クリックして⚫にすると、相手をルール違反として報告することができます。

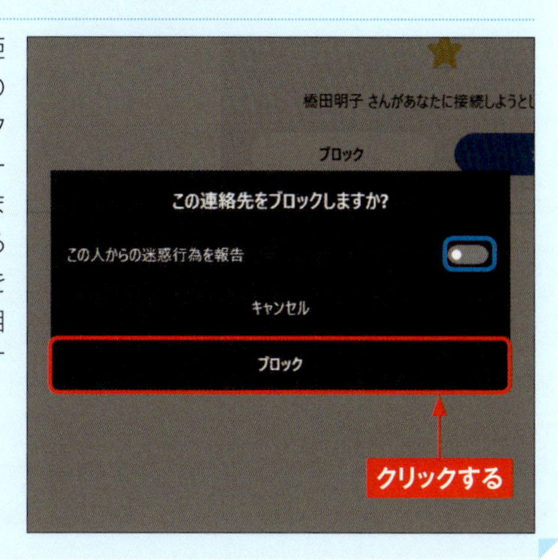

Section 13

相手のプロフィールを確認しよう

連絡先に追加した相手のプロフィールを確認してみましょう。相手が公開したプロフィール項目は、プロフィール画面でいつでも確認できます。相手の表示名は、わかりやすいものに変更することもできます。

プロフィールを確認する

1 ホーム画面で＜連絡先＞をクリックします。

2 プロフィールを確認したい相手（ここでは＜飯橋拓也＞）を右クリックして、＜プロフィールを表示＞をクリックします。

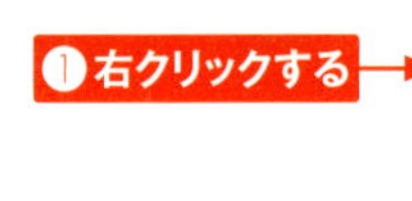

①右クリックする
②クリックする
橋
橋田明子
飯
飯橋拓也
お気に入りに追加
プロフィールを表示
連絡先を編集
連絡先を削除

Memo 相手の表示名を変更する

表示される名前は、英語風に名·姓の順に表示されます。わかりにくいようなら、プロフィール画面のをクリックし、名前を編集して＜保存＞をクリックします。自分の表示名の変更方法は、Sec.07を参照してください。

Section 14

チャットで会話しよう

互いに連絡先を追加している相手とは、通話以外にチャットによるコミュニケーションを楽しむことができます。文字だけではなく、絵文字やGIF画像など豊富なツールでメッセージを送信してみましょう。

メッセージを送信する

1 ホーム画面でチャット相手（ここでは＜飯橋拓也＞）をクリックします。チャット画面が表示されるので、メッセージを入力します。

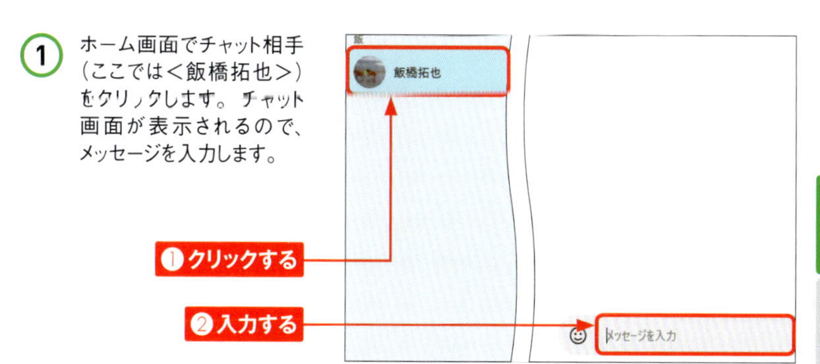

2 ▶をクリックして送信します。

Memo 送信したメッセージを編集する

送信したメッセージは、あとから編集や削除、転送することができます。送信したメッセージを右クリックしてみましょう。編集する場合は、新しいメッセージを入力して、再度送信します。

Section 15

グループを作ろう

グループを作成することで、複数の相手と通話やチャットでコミュニケーションを取ることができます。グループ名の編集やアイコンの設定をすると、情報の共有や頻繁に連絡を取る際に、とても便利です。

グループを作成する

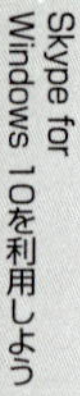

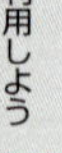

1 グループに入れたい相手の1人目（ここでは<凜久次郎>）のチャット画面を表示して、をクリックします。

凜久次郎
最終利用: 2 分前 | ギャラリー | 検索

クリックする

2 2人目以降のグループに入れたい相手を全員クリックします。

3 <完了>をクリックすると、グループが作成されます。

グループに名前を付ける

① グループ作成後、グループの名前をクリックします。

② ✎をクリックすると、グループ名を編集できます。なお、グループのアイコンをクリックして、アイコンを変更することもできます。

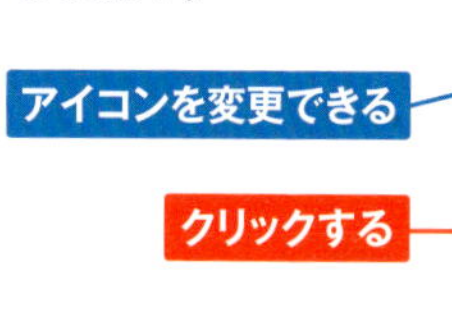

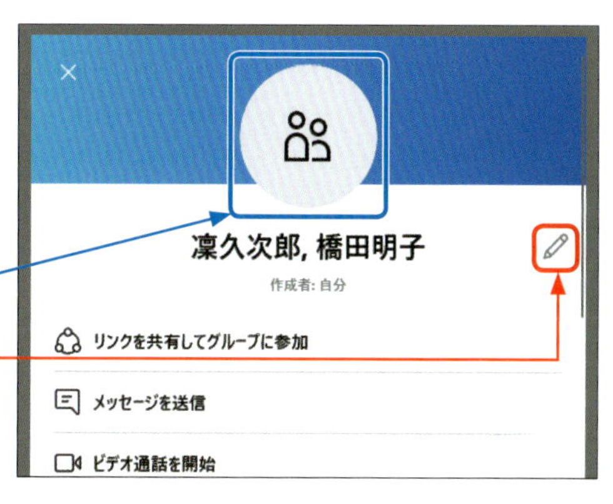

メンバーを追加する

① P.35手順②の画面で下方向にスクロールして、<ユーザーを追加>をクリックして相手を追加します。

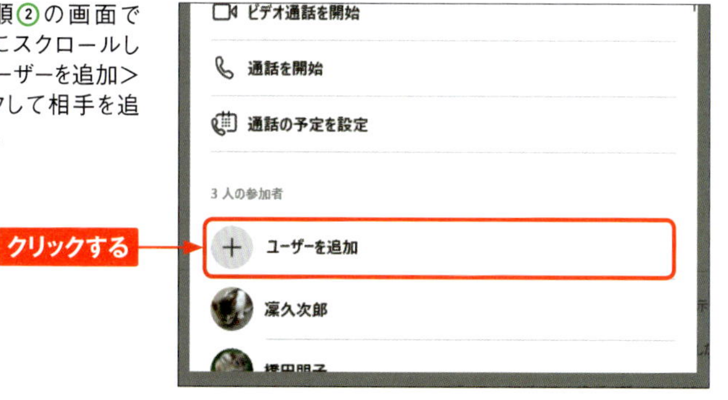

Section 16

画像やファイルを送信しよう

チャットでは、メッセージ以外に画像や300MB以下の文書ファイルを送受信することができます。受信時は、サインインしている場合にチャット画面に表示されます。送信時は、相手のログイン状況も確認しましょう。

画像やファイルを送信する

1 チャット画面で をクリックします。

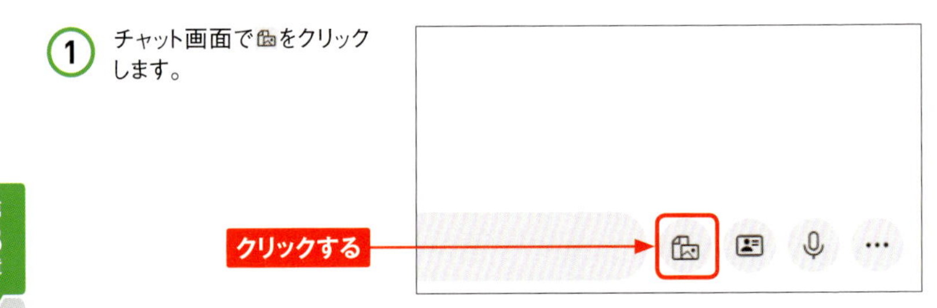

2 ファイル選択の画面が開いたら、送信したい画像やファイルをクリックし、<開く>をクリックします。

Office のカスタム テンプレート　AMEasagirirabe　elly20160701003918_TP_V　ISHI785_kupabirupen

すべてのファイル　開く(O)　キャンセル

3 必要に応じて、メッセージを入力したら、 をクリックして送信します。

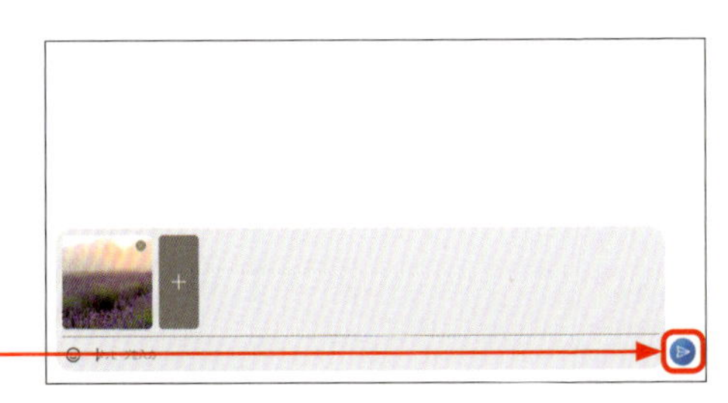

OneDriveのフォルダーのリンクを送信する

1 チャット画面で ••• → <OneDrive>の順にクリックします。

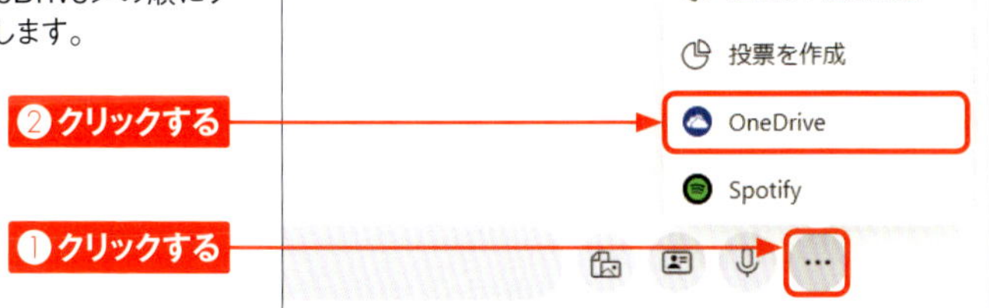

2 送信するフォルダー（ここでは<ドキュメント>）をクリックします。 ＞をクリックすると、フォルダーに保存されているファイルを確認し、個別に送信することができます。

3 <送信>をクリックして送信します。フォルダーのリンクが送信されるので、相手がリンクをクリックすると、フォルダーが表示されます。

第3章 Skype for Windows 10を利用しよう

Section 17

音声通話を利用しよう

連絡先に追加されている相手と、無料で音声通話を利用することができます。海外の相手とも無料で通話できるうえ、一般的な電話よりも高音質に通話できるので、積極的に活用するとよいでしょう。

音声通話を発信する

1 チャット画面で📞をクリックすると、音声通話が発信されます。

飯橋拓也
最終利用: 29 分前 | ギャラリー | 検索

クリックする

2 発信中画面が表示されます。相手が応答すると、通話が開始されます。

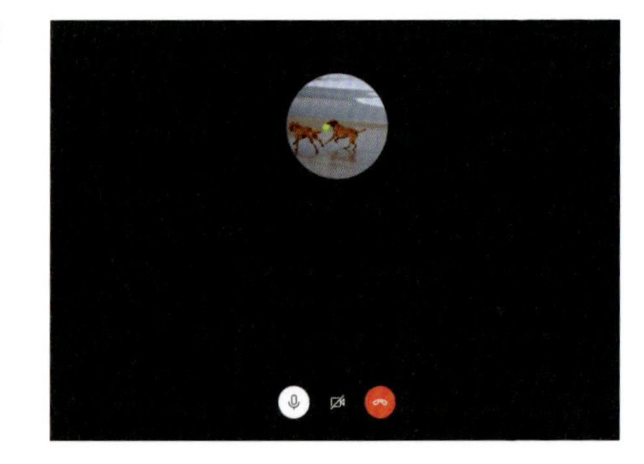

Memo 相手から応答がない

相手から応答がなかった場合は、相手に不在着信の履歴が残ります。伝言を残しておきたい場合は、ボイスメール（Sec.66参照）を利用するとよいでしょう。

音声通話に応答する

① 通知画面が表示されます。<オーディオ>をクリックして応答すると、音声通話が開始されます。

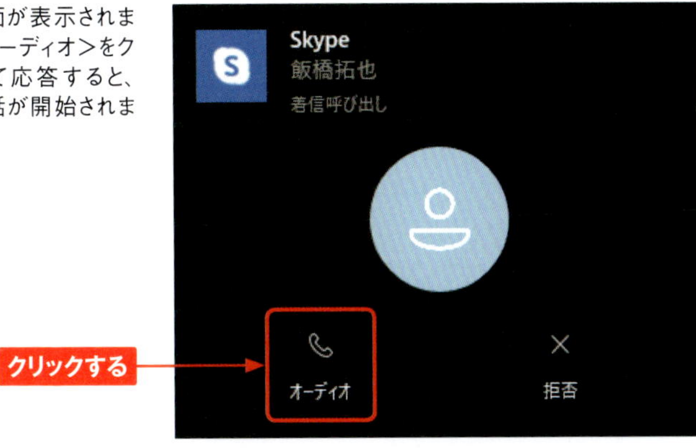

② 🔴をクリックすると、通話が終了します。

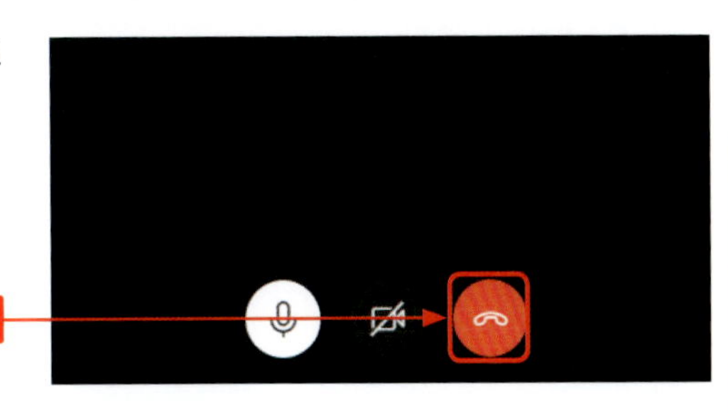

③ 通話画面を最小化すると、デスクトップに小さなコントロール画面が表示されるので、通話中もほかの作業をすることができます。

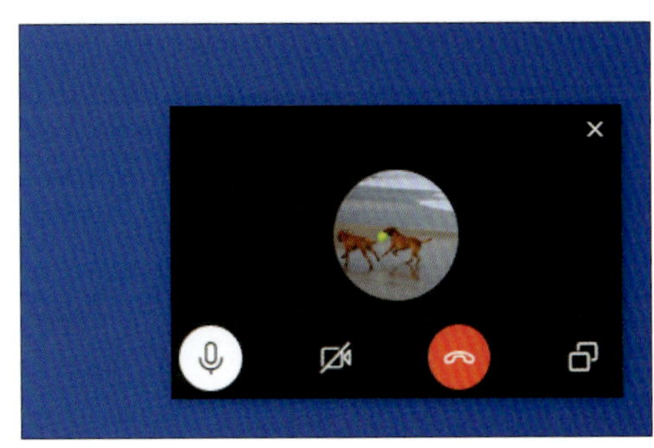

Memo **相手からの着信に応答できない**

相手からの着信に応答できない場合は、手順①の画面で🔴または<拒否>をクリックしましょう。相手には「現在通話に出られません」と表示されます。

Section 18

ビデオ通話を利用しよう

連絡先に追加されている相手と、無料でビデオ通話を利用することができます。最大50人で通話が可能なので、共同作業や遠隔学習にも役立ちます。ただし、ビデオ通話はデータ量が多いため、高速なインターネット環境が必要です。

ビデオ通話を発信する

1 チャット画面で□をクリックすると、ビデオ通話が発信されます。

飯橋拓也

○ 最終利用: 29 分前 | ギャラリー | 検索

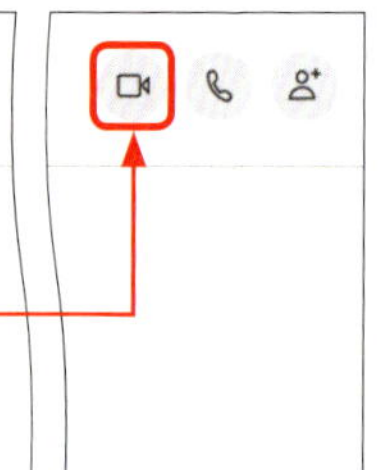

クリックする

2 発信中画面が表示されます。相手が応答すると、ビデオ通話が開始されます。

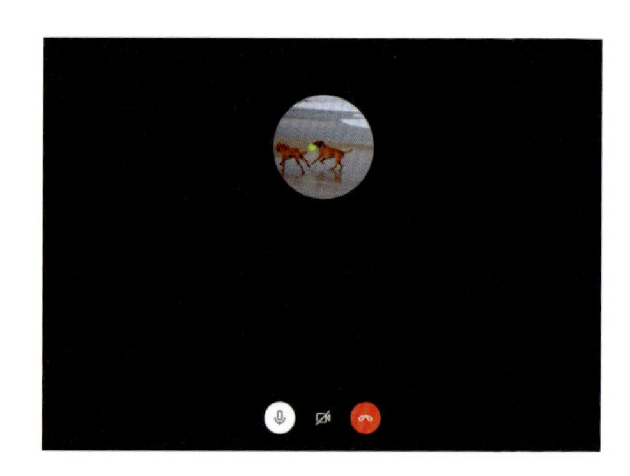

Memo ビデオ通話の注意点

ビデオ通話はデータ量が多いため、音質や画質の低下で、スムーズに会話ができないことがあります。通話を開始した人の回線速度が原因になっていることが多いので、インターネット環境が最良の人から通話を発信してください。

ビデオ通話に応答する

① ビデオ通話の着信があると、通知画面が表示されます。

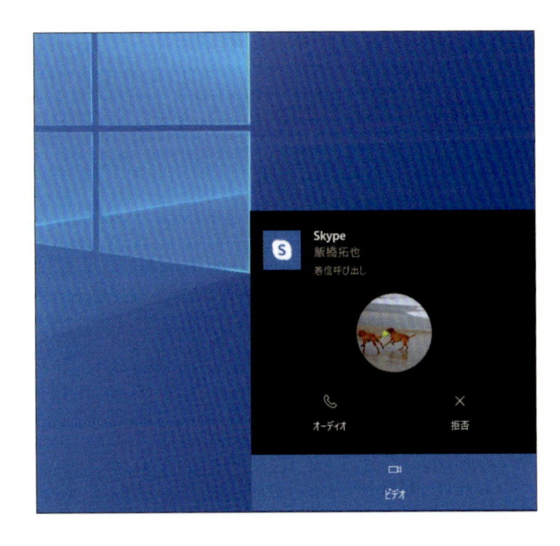

② <ビデオ>をクリックして応答すると、ビデオ通話が開始されます。

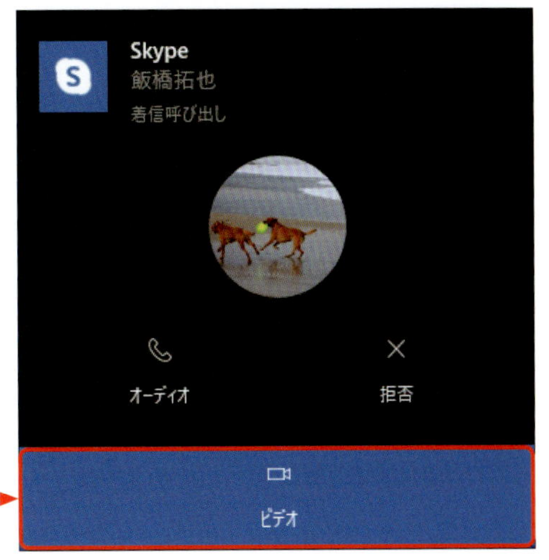

Memo ビデオ通話ができない

相手がカメラを利用できないときや、相手がサインインしていないときには、ビデオ通話を発信できません。連絡先リストで相手のログイン状態を確認してみましょう。

Section 19

通話中の画面構成

音声通話やビデオ通話をしている間は、画面に通話状況や操作アイコンが表示されます。また、画面を最小化した場合、デスクトップに小さな画面が表示されます。ここでは、通話中に行える操作について解説します。

音声通話中の画面構成

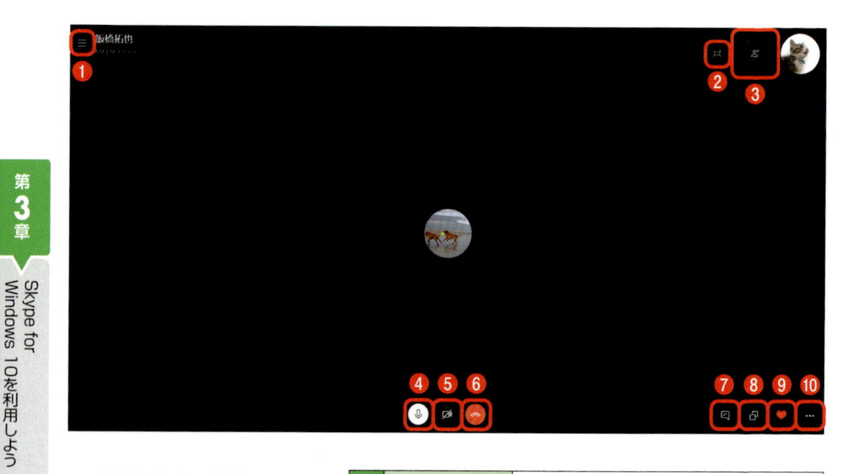

画面を最小化した場合の表示

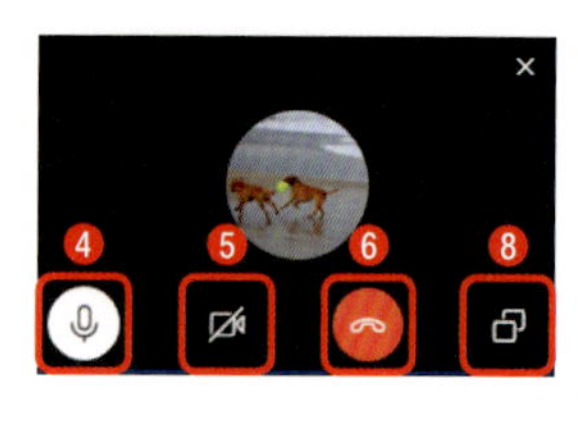

1	ホーム画面の表示	通話画面の左側にホーム画面を表示します
2	画面の大きさ調節	画面表示など大きさを調節します
3	通話相手を追加	通話人数を増やすことができます
4	マイク	オーディオ設定やミュートを利用できます
5	カメラ	音声通話中のまま、ビデオ通話に切り替えます
6	通話終了	グループ通話中は自分のみ、通話が終了します
7	チャット履歴表示	音声通話中のまま、相手との会話を表示します
8	画面共有	相手に画面を共有します
9	反応表示	音声通話中のまま、絵文字で反応を表示します
10	オプション	字幕設定や録音機能を利用できます

音声通話からビデオ通話に切り替える

1 音声通話中に をクリックします。

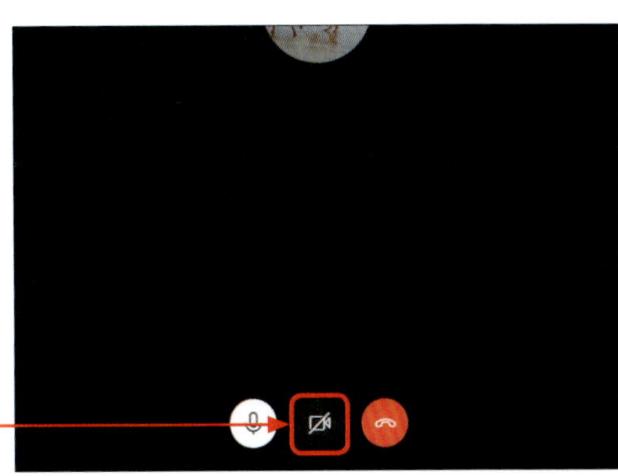

2 カメラがオンになり、相手の画面に自分の映像が写ります。

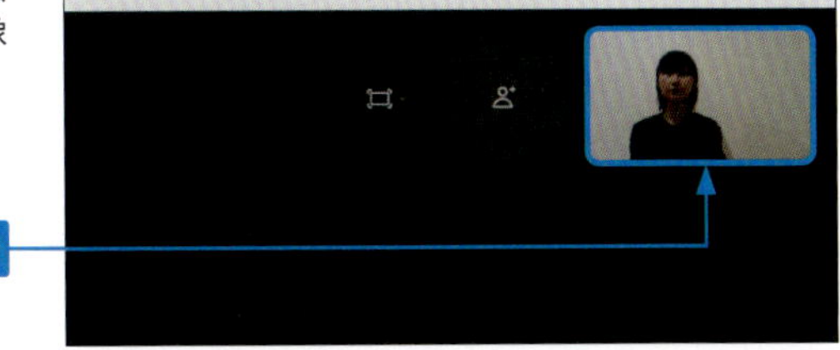

3 にマウスポインターを合わせ、「背景をぼかす」をオンにすると、背景をぼかす機能を利用できます。

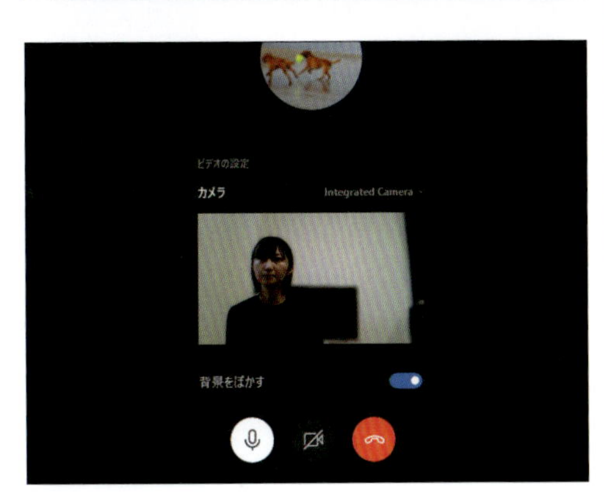

Memo ビデオ通話時の画面構成

ビデオ通話時の画面構成は、カメラ映像の表示以外は、基本的に音声通話時の画面構成と同じです。再び音声通話に戻したいときは、 をクリックしましょう。

Section 20

通話中にメッセージやファイルを送信しよう

音声通話やビデオ通話をしながら、通話相手にメッセージを送信することができます。作業指示や通話内容をわかりやすくするだけでなく、通話内容の記録や共有にも役立ちます。

通話中にメッセージを送信する

1 通話中に をクリックします。

クリックする

2 メッセージを入力したら、 をクリックして送信します。

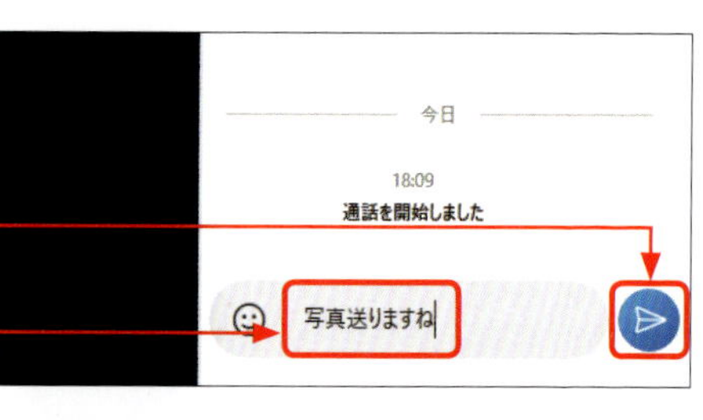

②クリックする

①入力する

3 をクリックすると、絵文字やGIF画像を送信できます。

クリックする

通話中にファイルを送信する

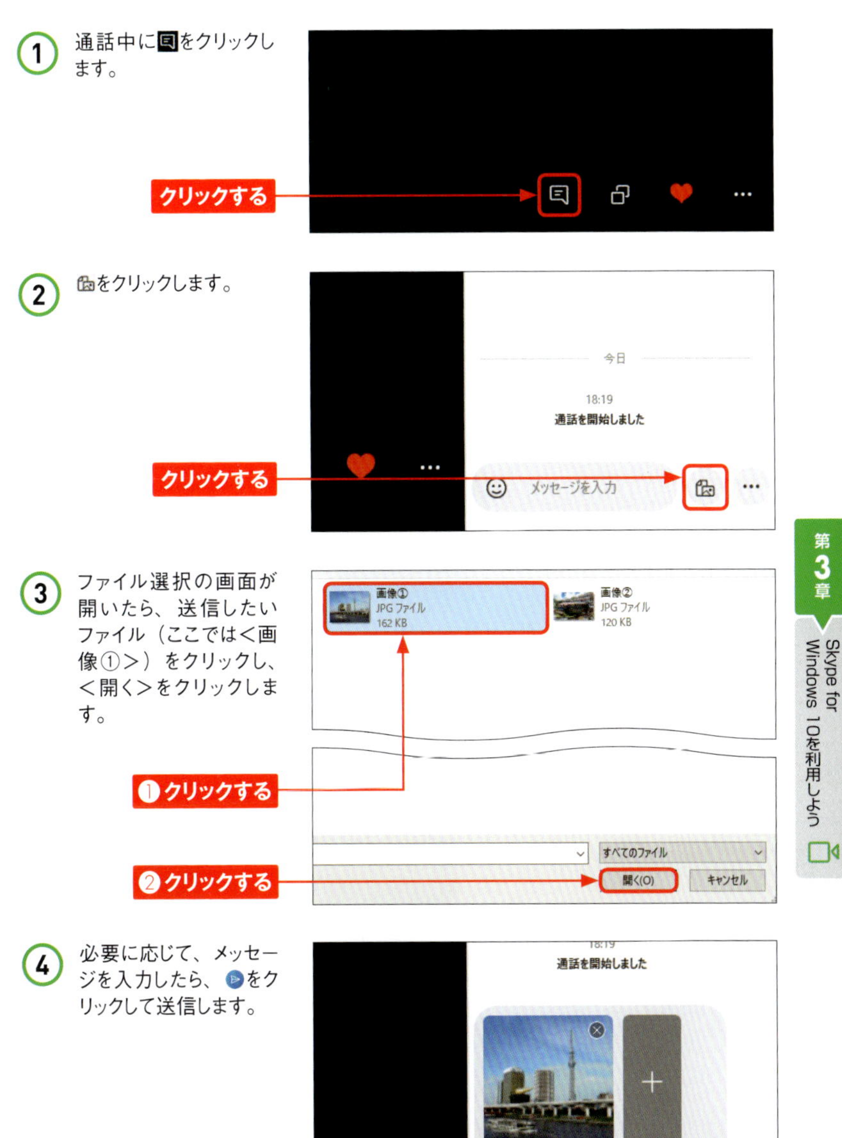

1. 通話中に▣をクリックします。

2. ▣をクリックします。

3. ファイル選択の画面が開いたら、送信したいファイル（ここでは<画像①>）をクリックし、<開く>をクリックします。

4. 必要に応じて、メッセージを入力したら、▶をクリックして送信します。

Section 21

グループで音声通話をしよう

作成したグループのメンバー全員で通話をすることができます。また、グループを作成していなくても、通話中に相手を追加することもかんたんにできます。あらかじめグループ名の編集やアイコンの設定をしておくと、使いやすくなります（Sec.15参照）。

グループで音声通話をする

1 作成したグループのチャット画面で📞をクリックすると、メンバーに音声通話が発信されます。なお、📹をクリックすると、ビデオ通話が発信されます。

2 発信中画面が表示されます。メンバーが応答すると、グループ通話が開始されます。

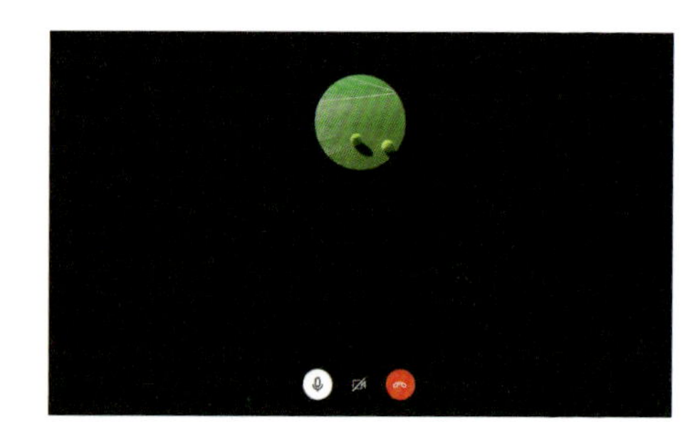

Memo グループ通話の注意点

グループ通話は、参加人数が多くなると、各メンバーの発言のタイミングが重なりやすく、内容がわかりにくくなります。発言する人以外は、🎙をクリックしてマイクをミュートにしておくことで、余計な音声がなくなり、発言者の声が聞こえやすくなります。

メンバーを追加する

1 通話中に[icon]をクリックします。

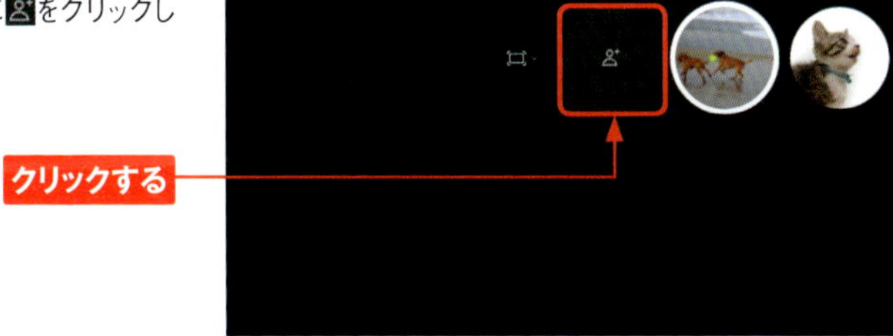

2 追加したい相手（ここでは<千代田史郎>）→<追加>の順にクリックすると、相手に発信されます。

3 右上に追加したい相手のアイコンが表示され、相手が応答すると、グループ通話に追加されます。

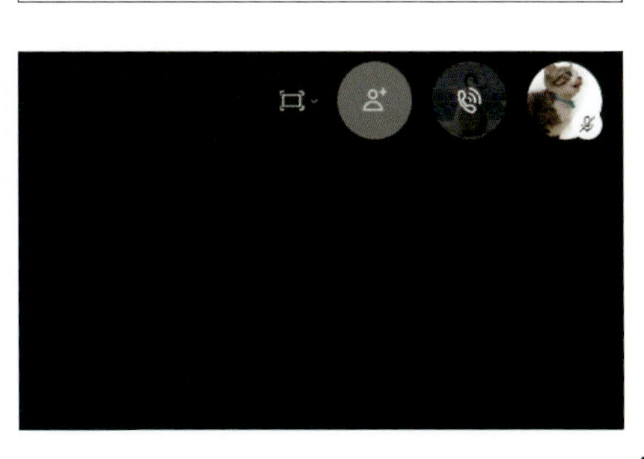

Section 22

会議を利用しよう

「会議」機能を使うと、Skypeユーザーではない人でもWebブラウザーからビデオ会議に参加することができます。事前にグループを作る必要がないため、最大50人のビデオ会議を手軽に開催できます。

会議に招待する

1 ホーム画面で＜会議＞をクリックします。

2 通話用のリンクが作成されるので、＜招待を共有＞をクリックします。

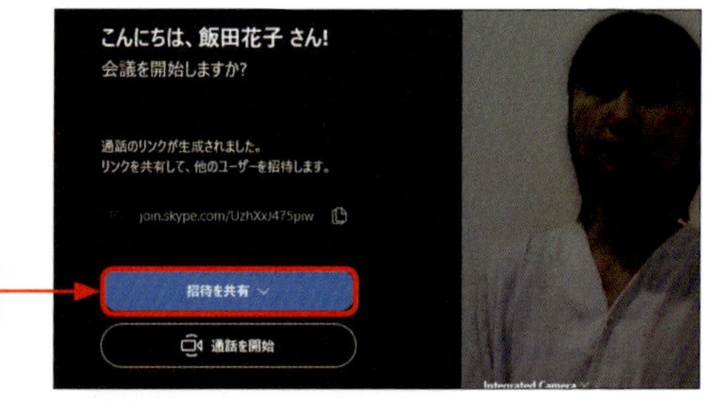

3 参加者へのリンク共有方法（ここでは＜Skypeの連絡先＞）をクリックします。連絡先から招待する相手をクリックし、＜完了＞をクリックすると、相手に招待が送信されます。

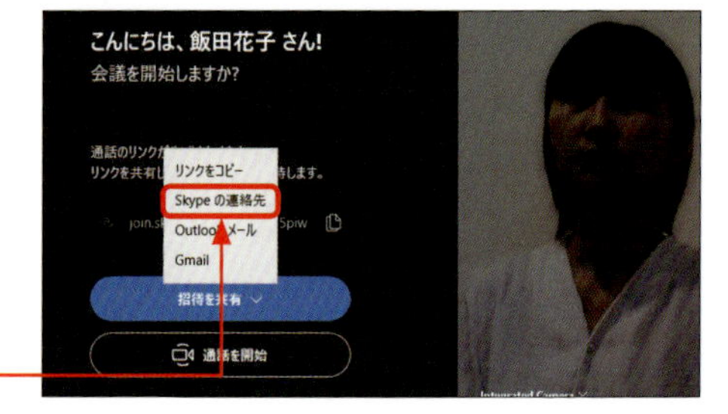

会議に参加する

① 会議に招待されると、通知が表示されるので、クリックします。

② チャット画面に表示されている会議のリンクをクリックします。

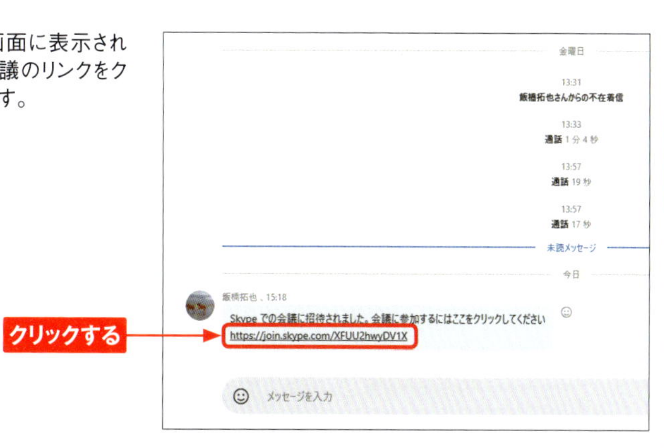

③ ＜通話に参加＞をクリックすると、会議に参加します。

Webブラウザーでゲストとして会議に参加する

1 P.48手順③で＜Outlookメール＞や＜Gmail＞を選ぶと、メールでリンクが送信されます。リンクをクリックすると、Webブラウザー画面が表示されるので＜ゲストとして参加＞をクリックします。

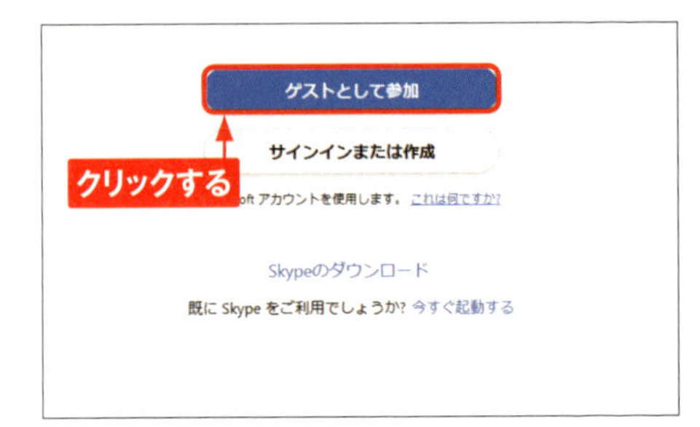

2 名前を入力して、＜参加＞をクリックします。

ゲストとして参加

ゲスト アカウントは 24 時間後に期限切れになります。

①入力する

名前を入力

続行することによって、お客さまは、利用規約 およびプライバシー に関する声明に同意したものとみなされます。

②クリックする

参加

戻る

3 ＜通話を開始＞をクリックします。

クリックする

4 をクリックしてにすると、ビデオと音声がオンになります。＜通話に参加＞をクリックすると、会議に参加します。

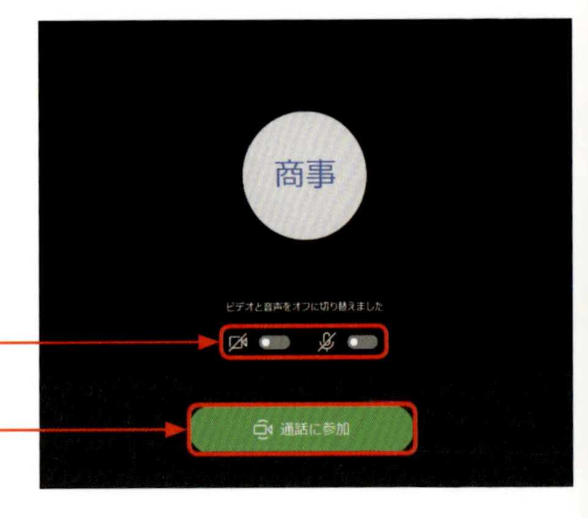

①オンにする

②クリックする

デスクトップ用Skypeを利用しよう

Skype for Mac をインストールしよう

ここではSkype for Macのインストールとセットアップの手順を解説します。Sec.04を参考にサインインに必要なMicrosoftアカウントをあらかじめ作成しておくことで、スムーズに利用を開始することができます。

インストーラーをダウンロードする

1 Webブラウザーで「https://www.skype.com/ja/」にアクセスし、<Skypeをダウンロード>をクリックします。

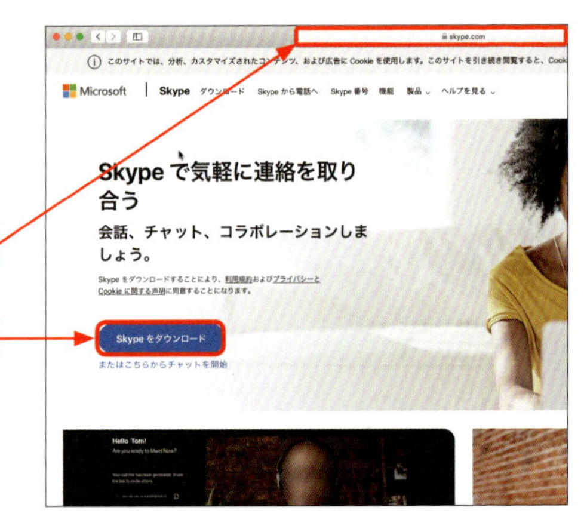

2 <Skype for Mac をダウンロード>→<許可>の順にクリックすると、ダウンロードが開始されます。

Skypeをインストールする

1 デスクトップ画面でをクリックすると、Finderでダウンロード状況を確認できます。ダウンロードが完了したら、ファイルをダブルクリックします。

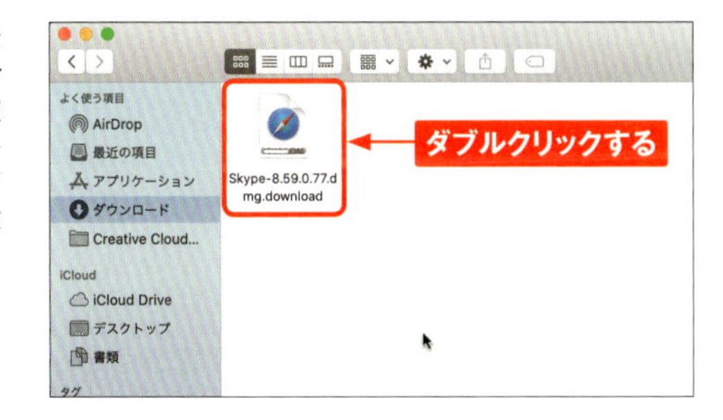

2 「Skype」のアイコンを「Applications」アイコンにドラッグ&ドロップすると、インストールされます。

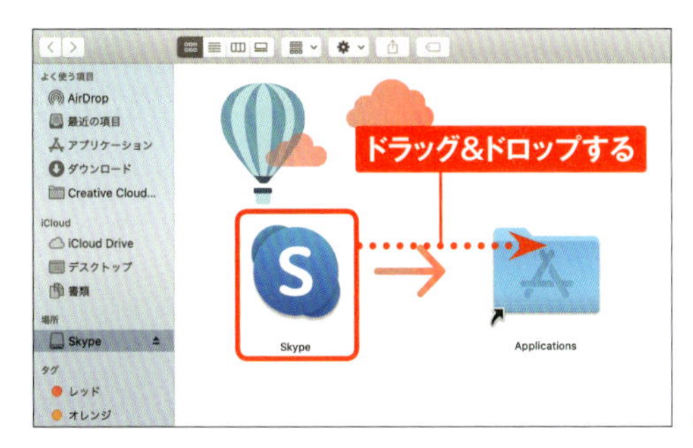

3 ＜アプリケーション＞をクリックし、＜Skype＞をダブルクリックします。

❶クリックする

4 警告ダイアログが表示されたら、＜開く＞をクリックします。

クリックする

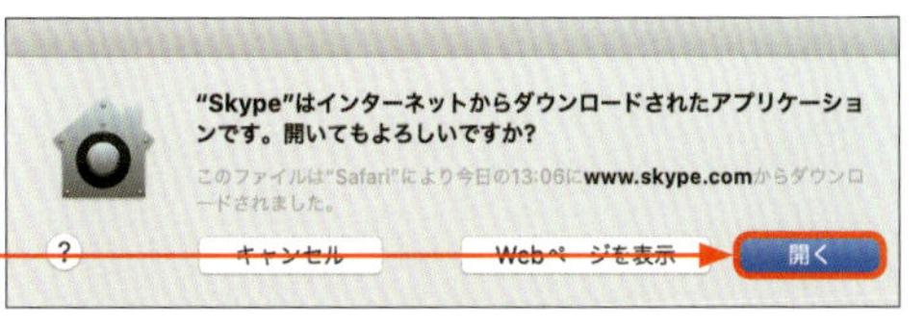

サインインする

1 ＜はじめる＞→＜サインインまたは作成＞の順にクリックします。

作業を開始する

クリックする → サインインまたは作成

Skype または Microsoft アカウントを使用します。ヘルプが必要な場合

2 Microsoftアカウントを入力して、＜次へ＞をクリックします。

サインイン
Skype を続行

①入力する → Skype、電話、またはメール

アカウントをお持ちでない場合、作成できます。

セキュリティ キーでサインイン ?

サインイン オプション

戻る
②クリックする → 次へ

3 パスワードを入力して、＜サインイン＞をクリックします。

Microsoft

← linkjirou

パスワードの入力

①入力する → パスワード

パスワードを忘れた場合

②クリックする → サインイン

4 ＜スキップ＞→＜スキップ＞→＜OK＞の順にクリックすると、ホーム画面が表示されます。

第4章
デスクトップ用Skypeを利用しよう

ホーム画面構成

❶	自分のアイコン	ログイン状態の変更を行います
❷	メニュー	設定画面の表示やサインアウトを行います
❸	検索	ユーザーやグループを検索します
❹	ダイヤルパッド	電話番号を入力して、発信します
		⓫国際通話の場合は、国を変更します
		⓬クリックして電話番号を入力します
		⓭クリックして発信します
❺	チャット	最近のチャットを表示します
❻	通話	最近の通話を表示します
❼	連絡先	連絡先に追加されているユーザーを表示します
❽	通知	メンションなどチャットに関する通知を表示します
❾	会議	オンライン会議を利用できます
❿	新しいチャット	チャット相手を選択できます

Section 24 Skype for Windowsをインストールしよう

Windows 7やWindows 8のパソコンでは、Skype for Windowsをインストールして利用します。なお、Windows 10パソコンにインストールすると、2つのSkypeを同時に起動して利用することもできます。

インストーラーをダウンロードする

① Webブラウザーで「https://www.skype.com/ja/」にアクセスし、<Skypeをダウンロード>をクリックします。

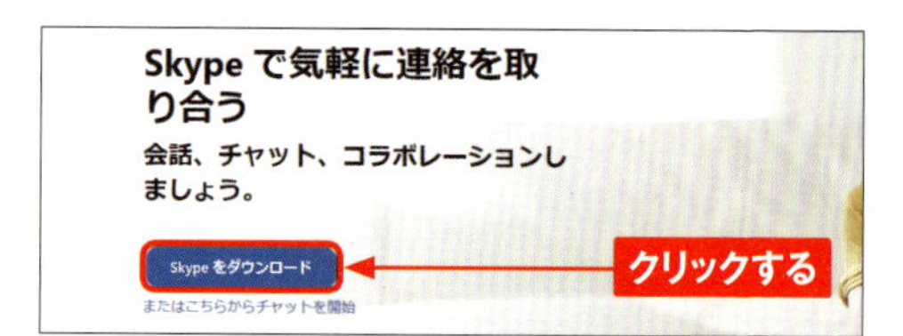

② <Skype for Windowsをダウンロード>をクリックします。

③ <実行>→<はい>の順にクリックすると、インストーラーのダウンロードが開始されます。

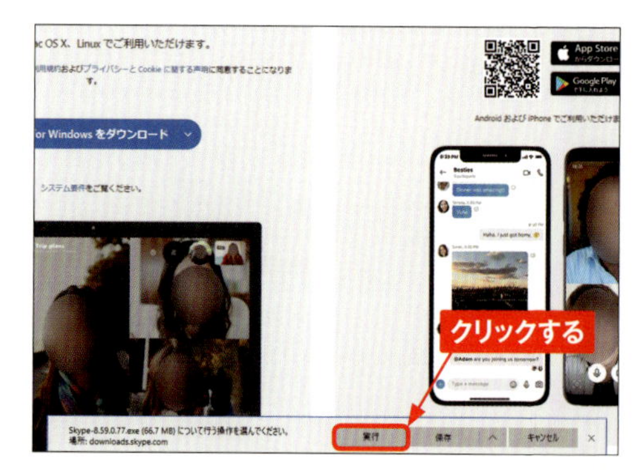

Skypeをインストールする

① インストーラーのダウンロードが完了すると、インストール画面が表示されるので、<インストール>をクリックします。

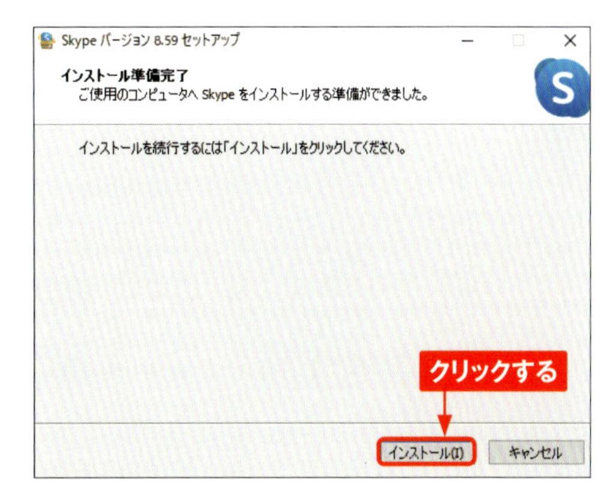

② インストールが開始されます。

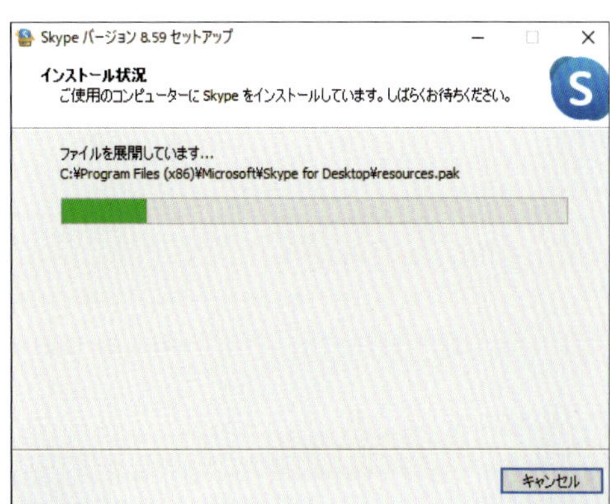

③ インストールが完了すると、サインイン画面が表示されます。

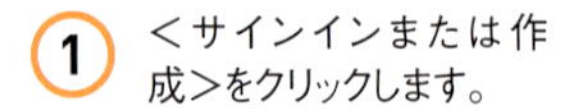

サインインする

1 <サインインまたは作成>をクリックします。

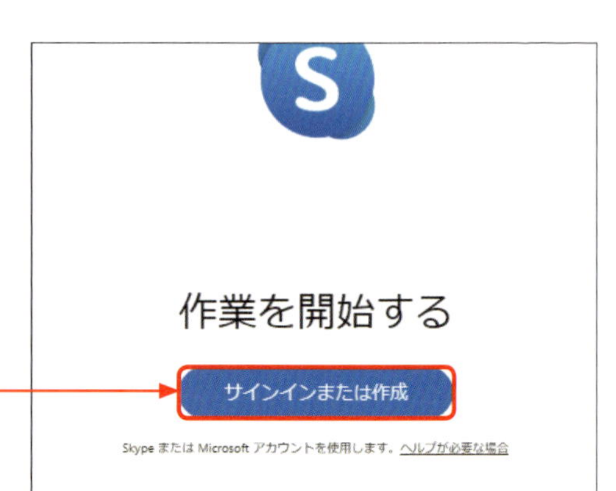

クリックする

2 Microsoftアカウントを入力して、<次へ>をクリックします。

サインイン
Skype を続行
Skype、電話、またはメール
アカウントをお持ちでない場合、作成できます。
セキュリティ キーでサインイン
サインイン オプション

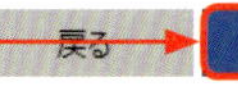

①入力する
②クリックする

3 パスワードを入力して、<サインイン>をクリックします。

Microsoft
← gihyo.shirou1
パスワードの入力
パスワード
パスワードを忘れた場合
サインイン

①入力する
②クリックする

4 プロフィール画像の変更画面が表示されます。変更がない場合は<スキップ>をクリックします。

スキップ
プロフィール画像を更新
自分の写真を追加して、プロフィールをさらにカスタマイズしましょう。これは後で [設定] > [アカウント & プロフィール] により、いつでも変更できます。
クリックする

5 マイクやスピーカーの設定画面が表示されます。変更がない場合は<スキップ>をクリックします。

機器が正しく動作していることを確認しましょう。これは後で [プロフィール] > [設定] > [音声 & ビデオ] によりいつでも変更

6 ビデオテストや背景の変更画面が表示されます。変更がない場合は<スキップ>をクリックします。

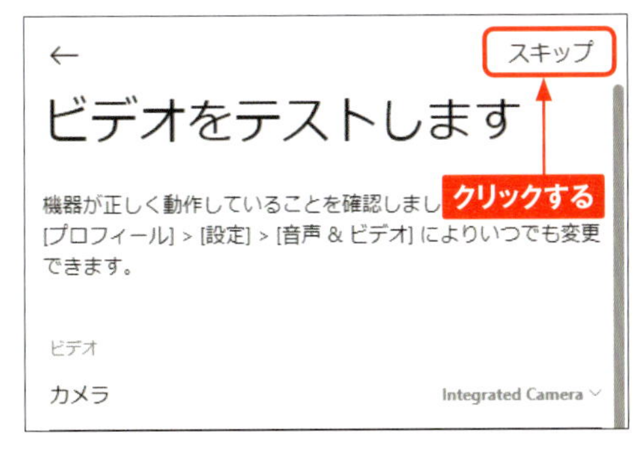

7 プライバシー設定の変更手順が表示されます。<OK>をクリックすると、ホーム画面が表示されます。

連絡先を簡単に検索
友達を見つけられるように、互いの連絡先をおすすめとして表示します。[プロフィール] > [設定] > [連絡先] でプライバシー

クリックする

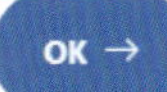

第4章 デスクトップ用Skypeを利用しよう

Section 25

Skype for Mac を起動／終了しよう

インストールが完了したら、アイコンが常にデスクトップ画面下に表示されるようにDockに追加しましょう。追加していない場合は、最近起動したアプリとしてDockに表示されます。ここでは、Skype for Macの起動と終了の手順について解説します。

起動する

1 デスクトップ画面でS→＜サインインまたは作成＞の順にクリックします。

2 Microsoftアカウントを入力して、＜次へ＞をクリックします。

①入力する
②クリックする

Microsoft
サインイン
Skype を続行
Skype、電話、またはメール
アカウントをお持ちでない場合、作成できます。
セキュリティ キーでサインイン ?
サインイン オプション
戻る
次へ

3 パスワードを入力して、＜サインイン＞をクリックします。

①入力する
②クリックする

Microsoft
← linkjirou
パスワードの入力
パスワード
パスワードを忘れた場合
サインイン

終了する

1 メニューバーの<Skype>→<Skypeを終了>の順にクリックすると、終了します。

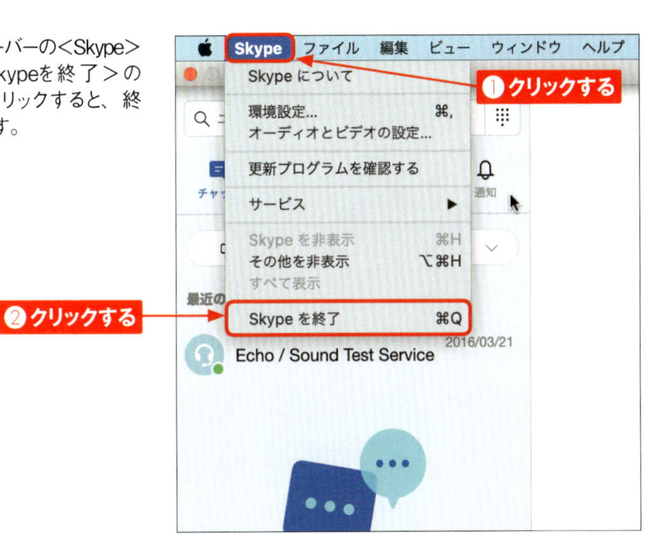

2 Ctrlを押しながらデスクトップのSkypeアイコン→<終了>の順にクリックして、終了することもできます。

Memo 終了とサインアウトの違い

サインアウトせずに終了すると、サインイン状態が継続されます。そのため、再起動すると、アカウントやパスワードの入力が省略されて、同じアカウントのホーム画面が自動的に表示されます。

Section 26 Skype for Windowsを起動／終了しよう

インストールが完了すると、Skypeのアイコンがデスクトップに表示されるので、起動してみましょう。ここでは、Skype for Windowsの起動と終了の手順について解説します。

起動する

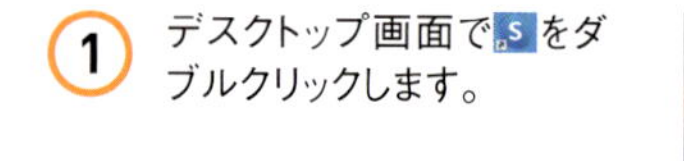

1 デスクトップ画面で をダブルクリックします。

ダブルクリックする

ごみ箱

Skype

2 <サインインまたは作成>をクリックし、Microsoftアカウントを入力して<次へ>をクリックします。

①入力する

②クリックする

サインイン

Skype を続行

Skype、電話、またはメール

アカウントをお持ちでない場合、作成できます。

セキュリティ キーでサインイン

サインイン オプション

戻る　次へ

3 パスワードを入力して、<サインイン>をクリックします。

①入力する

②クリックする

Microsoft

← gihyo.shirou1

パスワードの入力

パスワード

パスワードを忘れた場合

サインイン

終了する

1. デスクトップ画面のタスクバーでを右クリックします。

2. ＜Skypeを終了＞をクリックします。

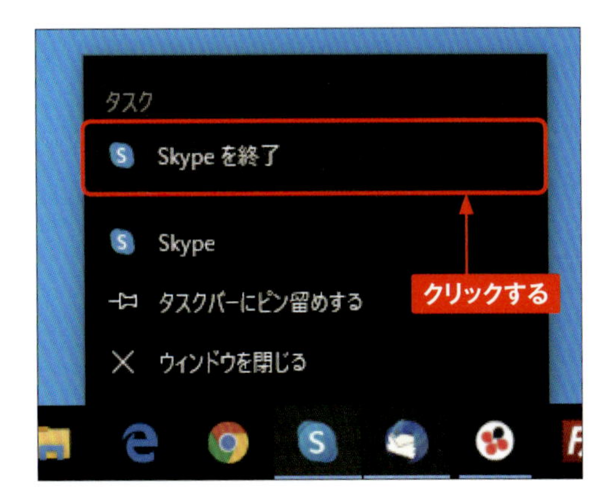

Memo **ウィンドウの×をクリックして終了する**

ウィンドウの×をクリックして、終了できるように設定することができます。ホーム画面で…→＜設定＞→＜全般＞の順にクリックして、「終了時に、Skypeを実行したままにする」をにします。

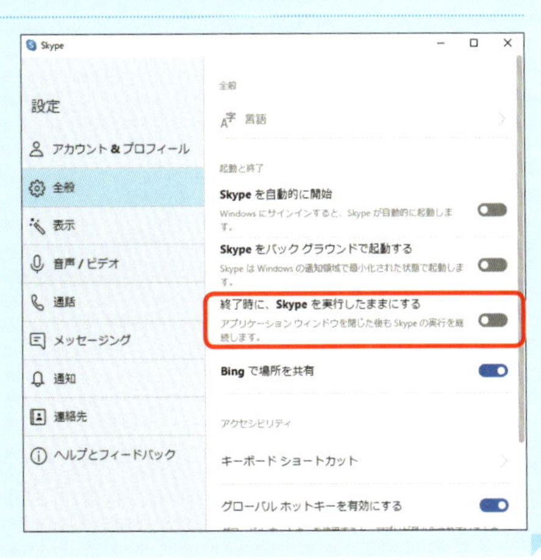

Section 27

プロフィールを編集しよう

プロフィールに誕生日や住んでいる地域などの個人情報を追加したり、コメントを記入して自己紹介をしたりすることで、あなたのアカウントであることが相手にわかりやすく表示されます。過度な個人情報は控え、自分らしいプロフィールを作成してみましょう。

プロフィールを編集する

1 ホーム画面で•••をクリックします。

2 <設定>をクリックします。

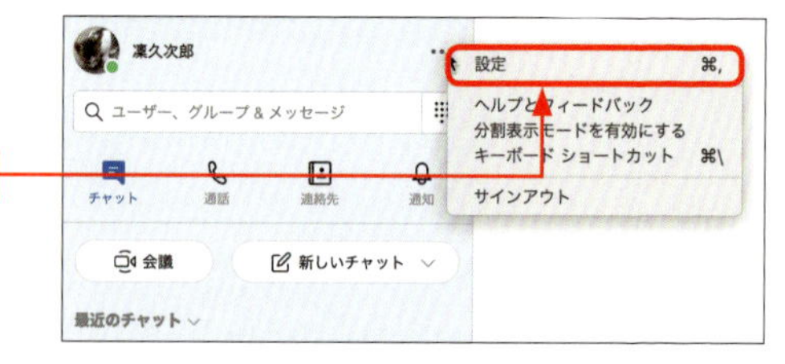

3 <自分のプロフィール>をクリックします。

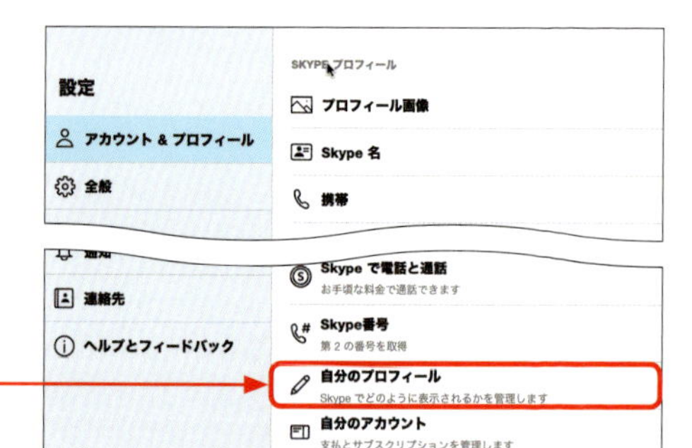

4 ＜プロフィールを編集＞をクリックします。

5 プロフィールを入力します。

入力する

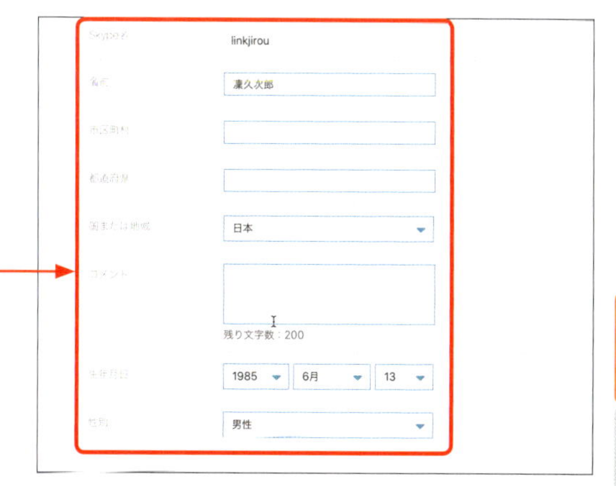

6 ＜保存＞をクリックすると、内容が変更されます。

ログイン状態を変更しよう

ログイン状態を表示することで、自分が相手からの連絡に応答できるか、できないかをあらかじめ相手に知らせることができます。ログイン状態は画面左上のプロフィールアイコンに表示され、手動で変更可能です。

ログイン状態を変更する

1 ホーム画面で<プロフィール画像>をクリックします。

2 <アクティブ>をクリックします。

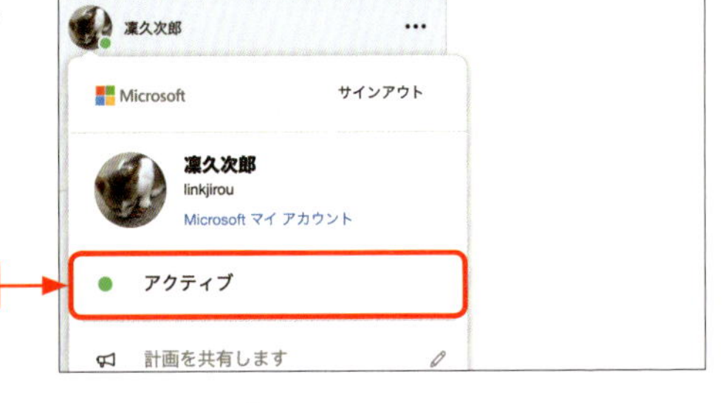

3 変更したいログイン状態（ここでは<退席中>）をクリックします。

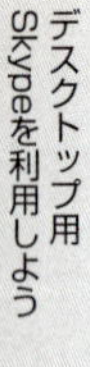

Section 29

サインアウトしよう

1つの端末で複数のアカウントを使用する場合や、1つの端末を複数の人数で使用する場合には、アカウントを不適切に利用されないようにサインインとサインアウトを適宜行うことが望ましいとされています。

サインアウトする

1 ホーム画面で•••をクリックします。

2 <サインアウト>をクリックします。

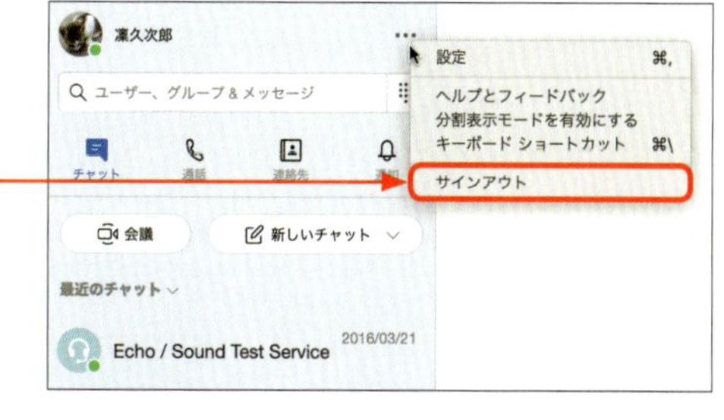

3 次回、Skypeを起動するとサインイン画面が表示されます。

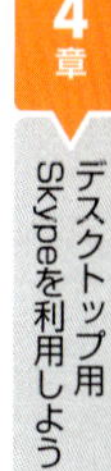

連絡先を追加しよう

相手と通話やチャットを楽しむために、互いの連絡先を追加する必要があります。連絡先追加の承諾が得られない場合は、通話やチャットでの会話はできず、一方的にメッセージを送信することしかできません。

相手に連絡先追加のリクエストを送信する

1 ホーム画面で🔍をクリックします。

2 検索する相手の情報（ここでは「Skype名」）を入力します。

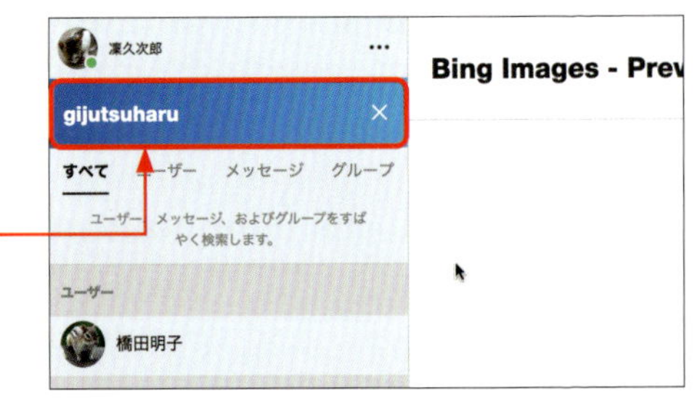

3 検索結果が表示されたら、相手の名前（ここでは＜橋田明子＞）をクリックして、チャット画面を開きます。

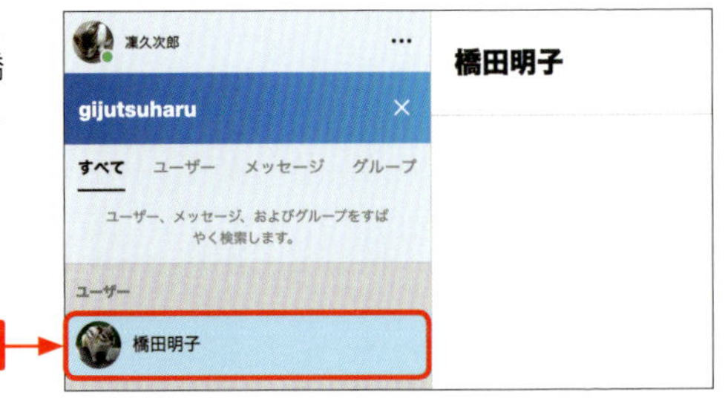

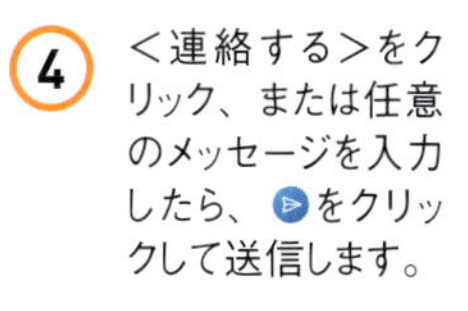

4 ＜連絡する＞をクリック、または任意のメッセージを入力したら、▶をクリックして送信します。

5 連絡先追加のリクエストが送信され、承諾の待機画面が表示されます。

6 連絡先が追加されました。

Memo **連絡先追加のリクエストを承諾する**

連絡先追加のリクエストが送られてくると、「チャット」に表示されます。相手の名前をクリックすると、チャット画面が表示されるので、＜承諾＞をクリックします。

Section 31 相手のプロフィールを確認しよう

連絡先に追加した相手のプロフィールを確認してみましょう。相手が公開したプロフィール項目は、プロフィール画面でいつでも確認できます。相手の表示名は、わかりやすいものに変更することもできます。

プロフィールを確認する

1 ホーム画面で＜連絡先＞をクリックします。

2 プロフィールを確認したい相手（ここでは＜飯田花子＞）を右クリックして、＜プロフィールを表示＞をクリックします。

Memo 相手の表示名を変更する

Skypeに表示される名前は、英語風に名・姓の順に表示される場合もあります。わかりにくいようなら、相手のプロフィール画面の✎をクリックして編集し、＜保存＞をクリックします。

チャットで会話しよう

互いに連絡先を追加している相手とは、通話以外にチャットによるコミュニケーションを楽しむことができます。文字だけではなく、絵文字やGIF画像など豊富なツールでメッセージを送信してみましょう。

メッセージを送信する

1 ホーム画面でチャット相手（ここでは＜飯田花子＞）をクリックします。チャット画面が表示されるので、メッセージを入力します。

2 ▷をクリックして送信します。

Memo 送信したメッセージを編集する

送信したメッセージは、あとから編集や削除、転送することができます。送信したメッセージを右クリックしてみましょう。編集する場合は、新しいメッセージを入力して、再度送信します。

Section 33

音声通話／ビデオ通話を利用しよう

連絡先に追加されている相手と無料で音声通話やビデオ通話を利用することができます。海外の相手とも無料で通話できるうえ、一般的な電話よりも高音質に通話できるので、積極的に活用するとよいでしょう。

音声通話を発信する

1 チャット画面で📞をクリックすると、音声通話が発信されます。

2 発信中画面が表示されます。相手が応答すると、通話が開始されます。

Memo ビデオ通話を発信する

ビデオ通話を発信するには、手順①で📹をクリックします。また、音声通話中に📹をクリックすると、音声通話をビデオ通話に切り替えられます。

音声通話に応答する

1 着信通知画面が表示されます。をクリックして応答すると、通話が開始されます。応答できない場合はをクリックします。

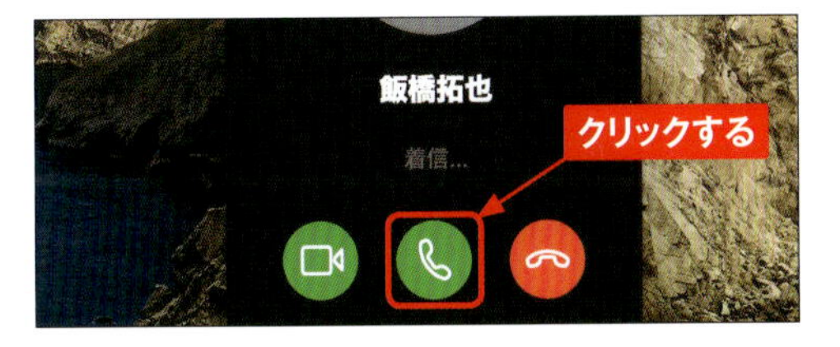

通話中の画面構成

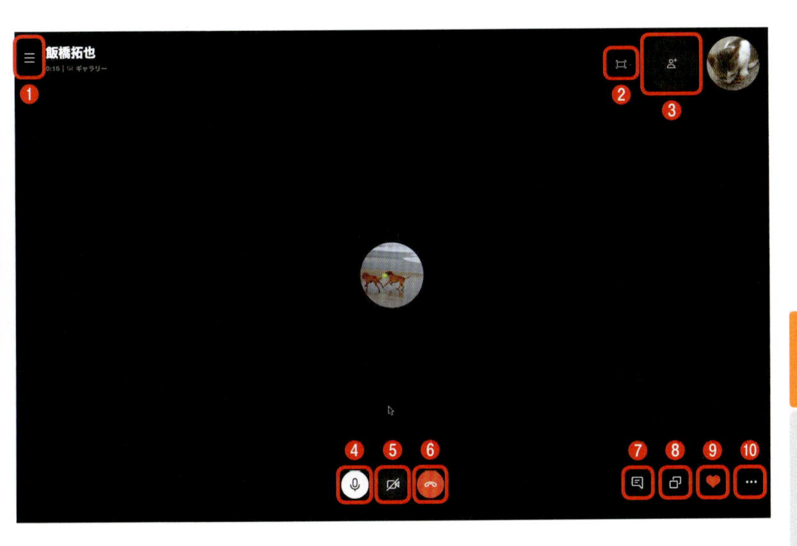

1	ホーム画面の表示	通話画面の左側にホーム画面を表示します
2	画面の大きさ調節	画面表示など大きさを調節します
3	通話相手を追加	通話人数を増やすことができます
4	マイク	オーディオ設定やミュートを利用できます
5	カメラ	音声通話中のまま、ビデオ通話に切り替えます
6	通話終了	グループ通話中は自分のみ、通話が終了します
7	チャット履歴表示	音声通話中のまま、相手との会話を表示します
8	画面共有	相手に画面を共有します
9	反応表示	音声通話中のまま、絵文字で反応を表示します
10	オプション	字幕設定や録音機能を利用できます

Section 34

通話中にメッセージやファイルを送信しよう

音声通話やビデオ通話をしながら、通話相手にメッセージを送信することができます。作業指示や通話内容をわかりやすくするだけでなく、通話内容の記録や共有にも役立ちます。

通話中にメッセージを送信する

1 通話中に[チャットアイコン]をクリックします。

2 メッセージを入力したら、[送信アイコン]をクリックして送信します。

3 ☺をクリックすると、絵文字やGIF画像を送信できます。

通話中にファイルを送信する

1. 通話中に[icon]をクリックします。

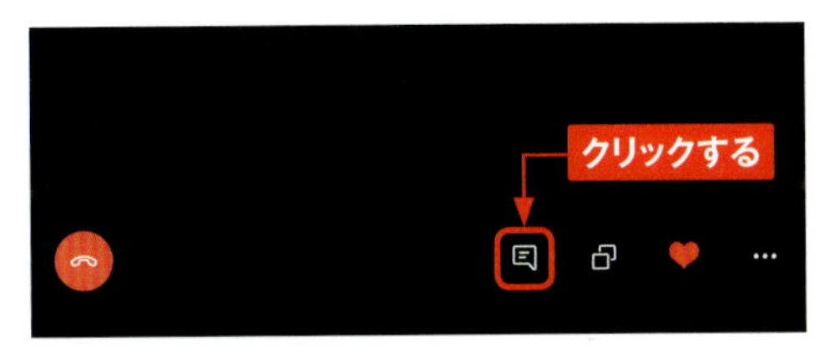

2. [icon]をクリックします。

3. ファイル選択の画面が開いたら、送信したいファイル（ここでは＜画像＞）をクリックし、＜開く＞をクリックします。

4. 必要に応じて、メッセージを入力したら、[icon]をクリックして送信します。

第4章 デスクトップ用Skypeを利用しよう

Section 35

グループで音声通話をしよう

作成したグループのメンバー全員で通話をすることができます。また、グループを作成していなくても、通話中に相手を追加することもかんたんにできます。あらかじめグループ名の編集やアイコンの設定をしておくと、使いやすくなります。

グループを作成する

1 グループに入れたい相手の1人目（ここでは<飯橋拓也>）のチャット画面を表示して、をクリックします。

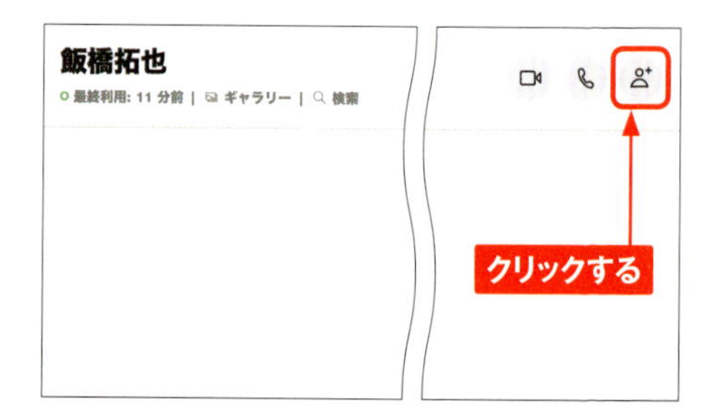

2 2人目以降のグループに入れたい相手を全員クリックします。

3 <完了>をクリックすると、グループが作成されます。

グループ通話を発信する

① 作成したグループのチャット画面で📞をクリックすると、メンバーに音声通話が発信されます。なお、📹をクリックすると、ビデオ通話が発信されます。

② 発信中画面が表示されます。

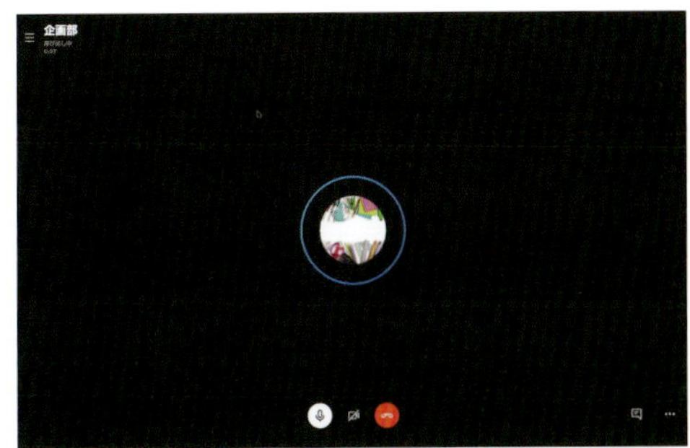

③ メンバーが応答すると、通話が開始されます。

第4章 デスクトップ用Skypeを利用しよう

Section 36

会議を利用しよう

連絡先に追加している相手はもちろん、連絡先に追加していない相手ともオンライン会議を行うことができます。会議のリンクを共有する方法でメンバーを招待するため、かんたんに利用可能です。

会議に招待する

1 ホーム画面で<会議>をクリックします。

2 リンクが作成されるので、<招待を共有>をクリックします。

3 参加者へのリンク共有方法（ここでは<Skypeの連絡先>）をクリックします。連絡先から招待する相手をクリックし、<完了>をクリックすると、相手に招待が送信されます。

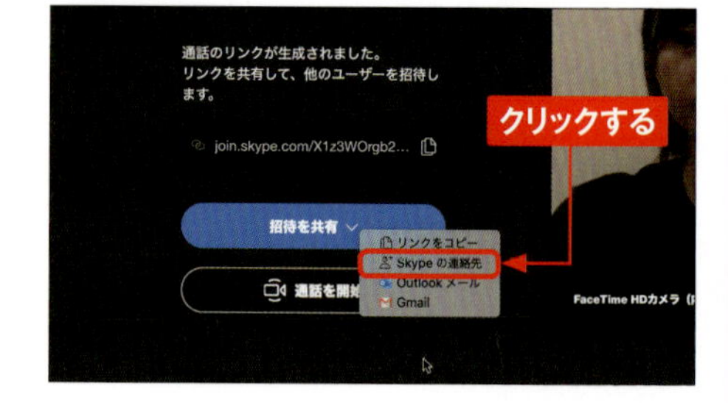

第4章 デスクトップ用Skypeを利用しよう

スマートフォンで Skypeを利用しよう

Section 37

スマートフォン用Skypeをインストールしよう

スマートフォンでSkypeを利用するためには、アプリストアから無料の「Skype」アプリをインストールする必要があります。まずはインストールを完了させ、そのあと設定を行いましょう。

iPhone用Skypeをインストールする

1 App StoreでSkypeアプリを検索して<Skype for iPhone>をタップします。

2 <入手>→<インストール>の順にタップします。

3 インストールが開始されます。

4 インストールが完了すると、ホーム画面に表示されます。

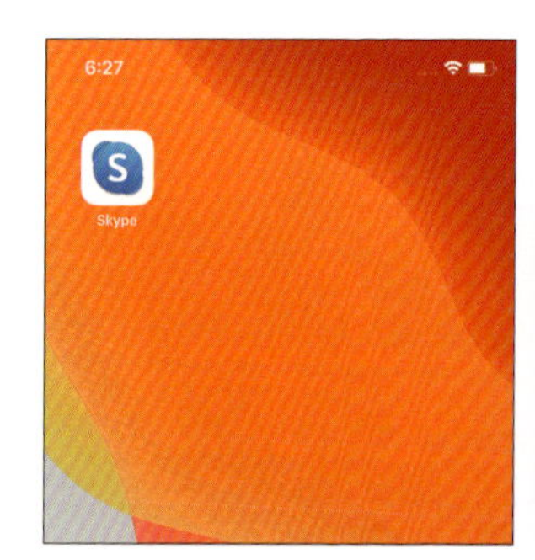

Android用Skypeをインストールする

① Play ストアでSkypeアプリを検索して<Skype>をタップします。

② <インストール>をタップします。

③ インストールが開始されます。

④ インストールが完了すると、ホーム画面に表示されます。

Section 38

Microsoft アカウントを作成しよう

Skypeはアカウントがなくてもwebブラウザーで利用できますが、アプリで利用するにはMicrosoftアカウントが必要です。なお、Windowsサインイン用にMicrosoftアカウントを作成済みの場合は、そのアカウントを利用できます。

Microsoftアカウントを作成する

1 ＜Skype＞アプリを起動して、＜はじめる＞をタップします。

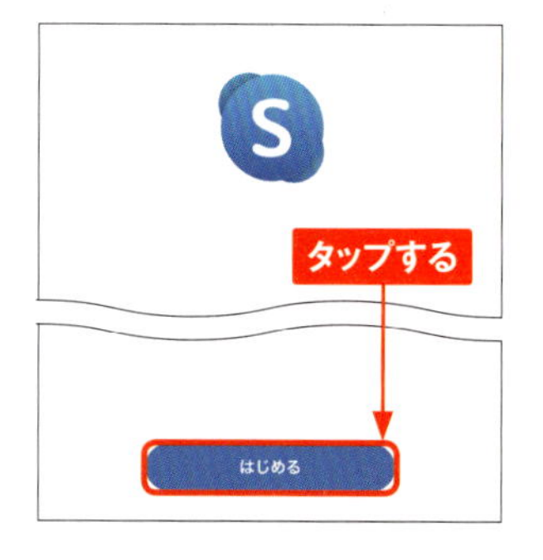

2 ＜サインインまたは作成＞をタップします。

3 ＜作成＞をタップします。

4 ＜または、既にお持ちのメールアドレスを使う＞をタップします。

5 ＜新しいメールアドレスを取得＞をタップします。

6 メールアドレスを入力して、＜次へ＞をタップします。

7 パスワードを入力して、＜次へ＞をタップします。

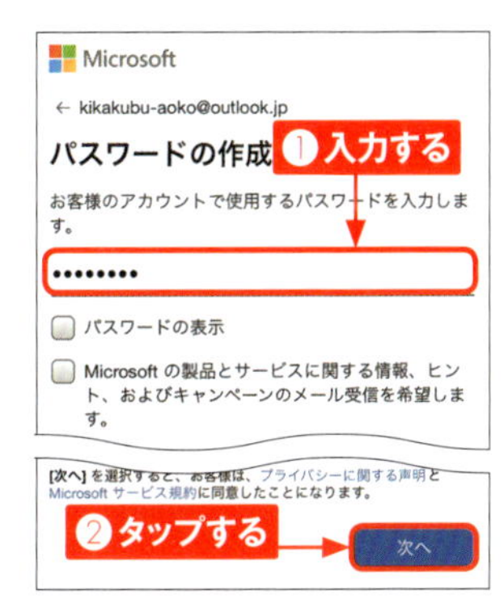

8 姓と名を入力して、＜次へ＞をタップします。

9 文字または音声認証を行い、＜次へ＞をクリックすると、アカウントが作成されます。

Section 39

スマートフォン用 Skype の画面構成

サインインした直後に表示される画面と機能別に表示される各画面について、構成やアイコンの機能を確認しましょう。iPhoneとAndroidの機能に差異はありませんが、画面構成は多少異なります。

iPhoneの画面構成

●チャット

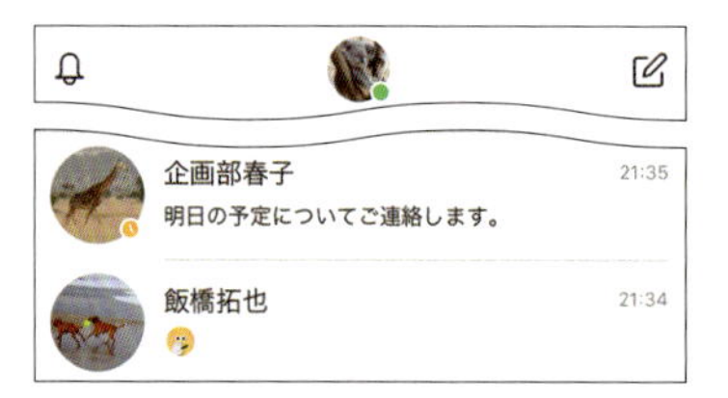

サインインすると、この画面が表示され、チャットや通話の履歴を確認できます。履歴を長押しすると、履歴の編集や相手のプロフィールを確認できます。

●連絡先

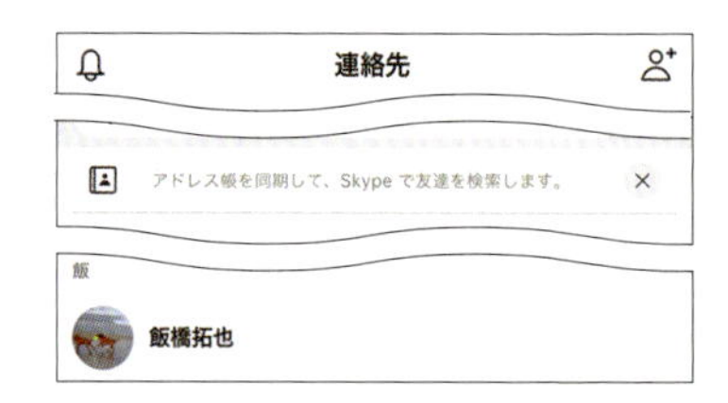

連絡先に追加した相手が表示されます。相手の名前を長押しすると、編集や削除ができます。をタップすると、アドレス帳の同期設定画面が表示されます。

●通話

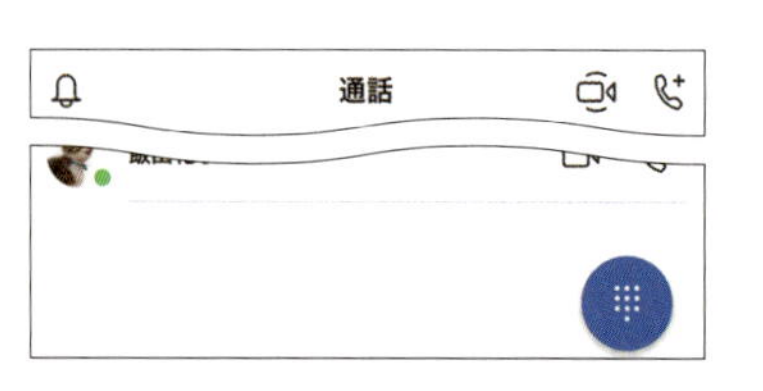

音声通話やビデオ通話、グループ通話の発信ができます。をタップすると、ダイヤルパッドが表示されます。固定電話や海外の電話へ発信時に操作します。

●自分の情報

ログイン状態の変更、プロフィール編集、各種設定ができます。デザインの変更や翻訳の設定など、使いやすいように設定を変更してみましょう。

Androidの画面構成

チャット

サインインすると、この画面が表示されます。履歴を長押しすると、履歴の編集や相手のプロフィールを確認できます。🖉をタップすると、多くの機能が表示されます。

連絡先

連絡先に追加した相手が表示されます。相手の名前を長押しすると、編集や削除ができます。🗂をタップすると、アドレス帳の同期設定画面が表示されます。

通話

音声通話やビデオ通話、グループ通話の発信ができます。▦をタップすると、ダイヤルパッドが表示されます。固定電話や海外の電話へ発信時に操作します。

自分の情報

ログイン状態の変更、プロフィール編集、各種設定ができます。デザインの変更や翻訳の設定など、使いやすいように設定を変更してみましょう。

Section 40

サインアウト／サインインしよう

アカウントを不適切に利用されないように、サインインとサインアウトを適宜行うことが望ましいとされています。また、ログイン状態を変更することで、自分が相手からの連絡に応答できるか、できないかをあらかじめ相手に知らせることができます。

サインアウト／サインインする

1 サインアウトするには、自分のアイコンをタップします。

2 <サインアウト>をタップします。

3 サインインするには、<サインインまたは作成>をタップします。

4 Microsoftアカウントを入力して<次へ>をタップし、パスワードを入力して<サインイン>をタップします。

ログイン状態を変更する

1 自分のアイコンをタップします。

2 <アクティブ>をタップします。

3 変更したいログイン状態（ここでは<退席中>）をタップします。

4 ログイン状態が「退席中」に変更されます。

Section 41 連絡先を追加しよう

相手と通話やチャットを楽しむために、互いの連絡先を追加する必要があります。連絡先追加の承諾が得られない場合は、通話やチャットでの会話はできず、一方的にメッセージを送信することしかできません。

相手に連絡先追加のリクエストを送信する

1 <連絡先>をタップします。

2 をタップします（Androidは をタップします）。

3 検索する相手の情報（ここでは「表示名」）を入力します。

4 検索結果が表示されたら、相手の表示名（ここでは<企画部春子>）をタップします。

5 ＜連絡先を追加＞をタップします。

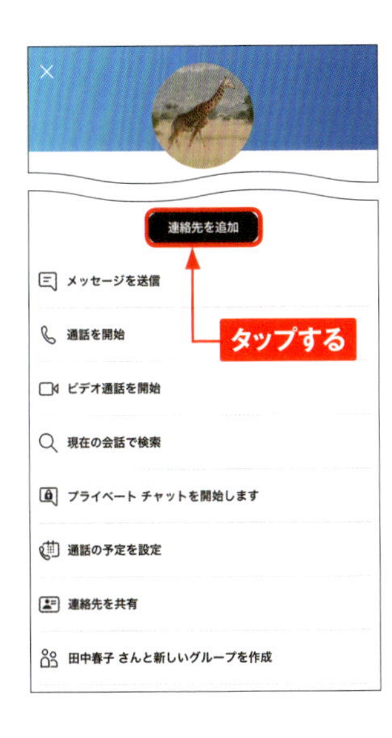

6 相手にも連絡先を追加してもらうために、＜連絡先＞→相手の名前（ここでは＜企画部春子＞）の順にタップします。

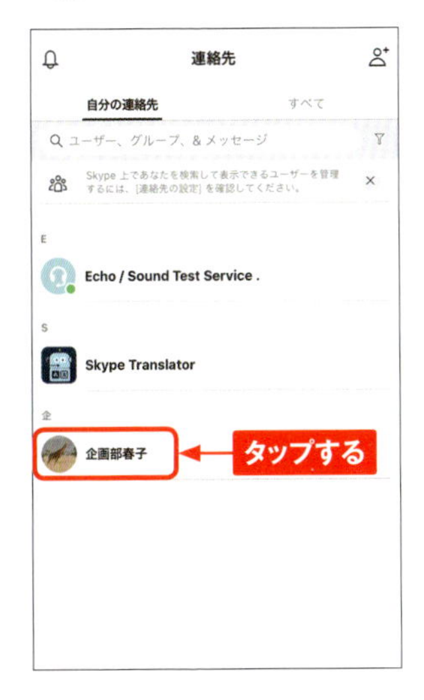

7 ＜連絡する＞をタップ、または任意のメッセージを入力したら ▶ をタップして送信します。

8 連絡先追加のリクエストが送信され、承諾の待機画面が表示されます。

Section 42

プロフィールを編集しよう

プロフィールに誕生日や住んでいる地域などの個人情報を追加したり、コメントを記入して自己紹介をしたりすることで、あなたのアカウントであることが相手にわかりやすく表示されます。過度な個人情報は控え、自分らしいプロフィールを作成してみましょう。

プロフィールを編集する

① 自分のアイコンをタップします。

② <Skypeのプロフィール>をタップします。

③ <誕生日>をタップします。

④ プロフィールを入力して、<変更を保存>をタップすると、内容が変更されます。

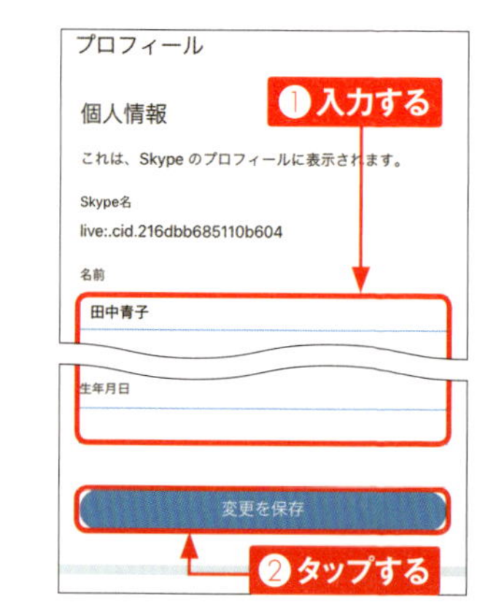

プロフィール画像を設定する

① 自分のアイコンをタップします。

② をタップします。

③ ＜写真＞アプリへのアクセス許可を求められたら、＜OK＞をタップします。

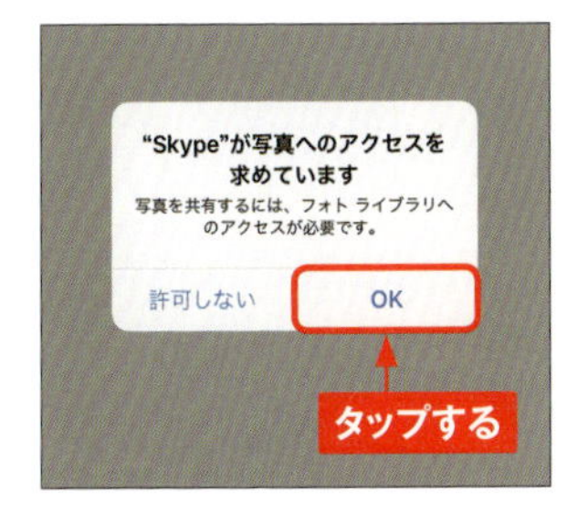

④ カメラが起動します。撮影するか、画面左下のサムネイルをタップして、画像を選択します。

⑤ 表示範囲をドラッグで調整します。

⑥ をタップすると、プロフィール画像が設定されます。

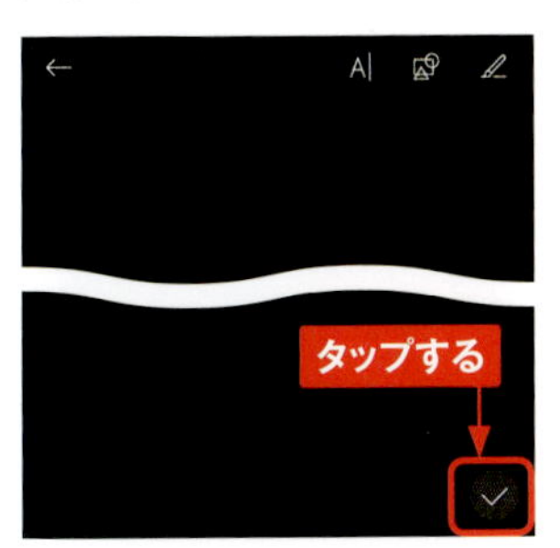

Section 43

音声通話／ビデオ通話を利用しよう

連絡先に追加されている相手と、無料で音声通話やビデオ通話をすることができます。海外の相手とも無料で通話できるうえ、一般的な電話よりも高音質で通話できるため、積極的に活用するとよいでしょう。

音声通話を発信する

1 <連絡先>をタップします。

2 発信相手（ここでは<企画部春子>）をタップします。

3 📞をタップすると、音声通話が発信されます。□◁をタップすると、ビデオ通話が発信されます。

4 発信中画面が表示されます。相手が応答すると、通話が開始されます。

音声通話に応答する

① 相手から着信があると、着信通知画面が表示されます。☑（Androidは📞）をタップします。

② 通話が開始されます。☎をタップすると、通話が終了します。

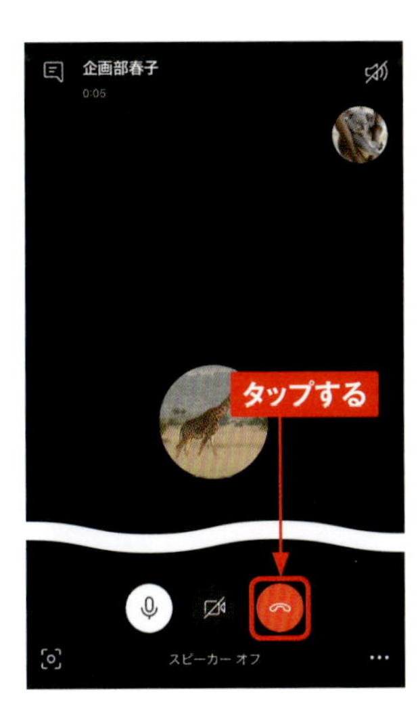

通話中の画面構成

❶	チャット画面の表示	通話中にチャット画面を表示できます
❷	スピーカー	スマートフォンをスピーカーにできます
❸	スナップショット	通話中のメンバーのアイコンが撮影されます
❹	マイク	ミュート機能を利用できます
❺	カメラ	音声通話中のまま、ビデオ通話に切り替えます
❻	通話終了	グループ通話中は自分のみ、通話が終了します
❼	オプション	字幕設定や録音機能を利用できます

Section 44

グループで音声通話をしよう

Skypeでは、複数の相手と同時に通話をすることができます。スマートフォン以外の端末を利用している相手にもかけることができます。グループ通話中に相手を追加することもできます。

iPhoneでグループ通話を発信する

① ＜通話＞→ の順にタップします。

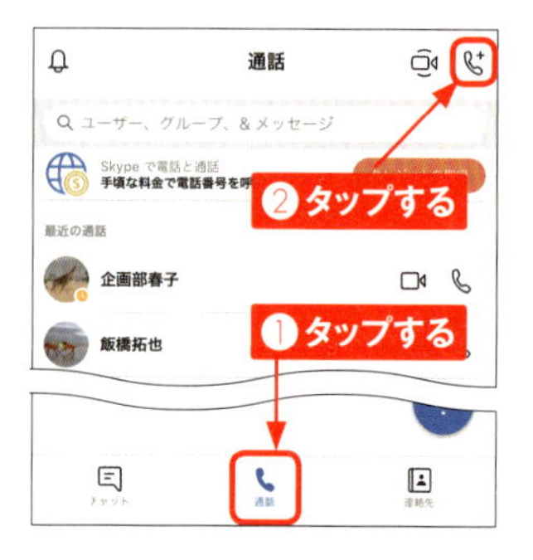

② 発信相手をタップして、＜通話＞をタップします。

③ 発信中画面が表示されます。相手が応答すると、通話が開始されます。

④ 通話中に…→＜ユーザーを追加＞→発信相手→＜追加＞の順にタップすると、追加したい相手に発信されます。

Androidでグループ通話を発信する

1 ＜通話＞→の順にタップします。

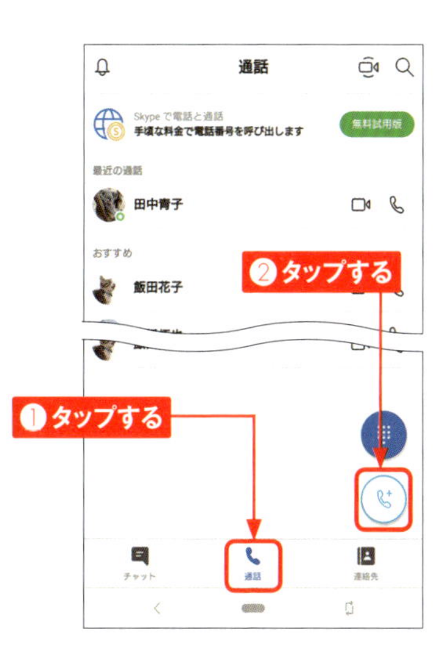

2 発信相手をタップして、＜通話＞をタップします。

3 発信中画面が表示されます。相手が応答すると、通話が開始されます。

4 通話中にメンバー全員がをタップすると、ビデオ通話に切り替わります。

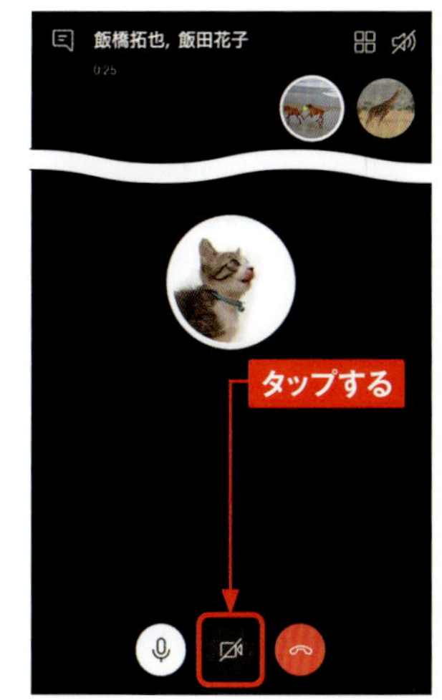

Section 45

通話しながらほかのアプリを利用しよう

音声通話やビデオ通話中にスマートフォンのホーム画面に戻り、ホーム画面からほかのアプリを利用することができます。操作によっては通話を終了してしまうこともあるので、注意しましょう。

通話中にアプリを起動する

① 通話中にスマートフォンのホーム画面に戻ると、画面左上に が表示されます。Androidはステータスバーにが表示されます。

② ほかのアプリを起動すると、画面左上に時刻表示の背景として表示されます。Androidはステータスバーにが表示されます。

③ 手順②の画面で時刻表示をタップすると、通話画面に戻ります。Androidはステータスバーを表示し、<Skype進行中の通話>をタップすると、戻ります。

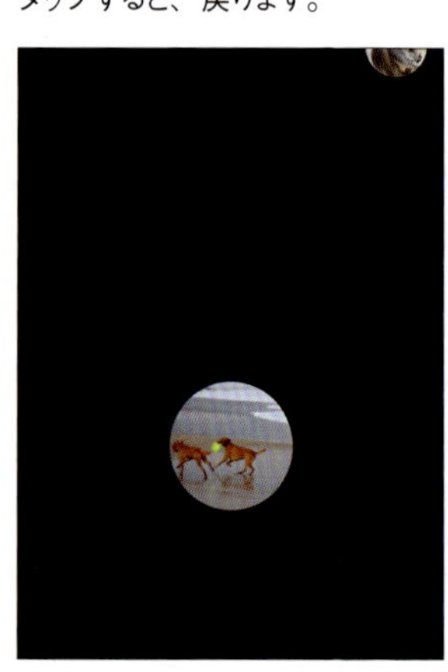

Memo 通話中の注意点

通話中、ほかのアプリを利用しているときに、スマートフォンの電源ボタンを押してしまうと、通話が終了してしまいます。

Section 46

チャットで会話しよう

互いに連絡先を追加している相手とは、通話以外にチャットによるコミュニケーションを楽しむことができます。文字だけではなく、絵文字やGIF画像など豊富なツールでメッセージを送信してみましょう。

メッセージを送信する

1 <連絡先>をタップします。

2 送信相手(ここでは<飯田花子>)をタップします。

3 チャット画面が表示されるので、メッセージを入力して をタップすると、送信されます。

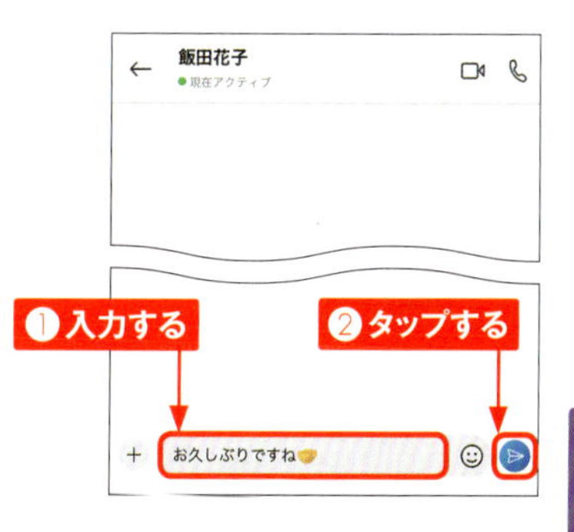

4 送信したメッセージをロングタッチすると、編集や削除、転送することができます。

Section 47

会議を利用しよう

連絡先に追加している相手はもちろん、連絡先に追加していない相手ともオンライン会議を行うことができます。通話のリンクを共有する方法でメンバーを招待するため、かんたんに利用可能です。

iPhoneで会議に招待する

① ＜チャット＞→の順にタップします。

② ＜会議＞をタップします。

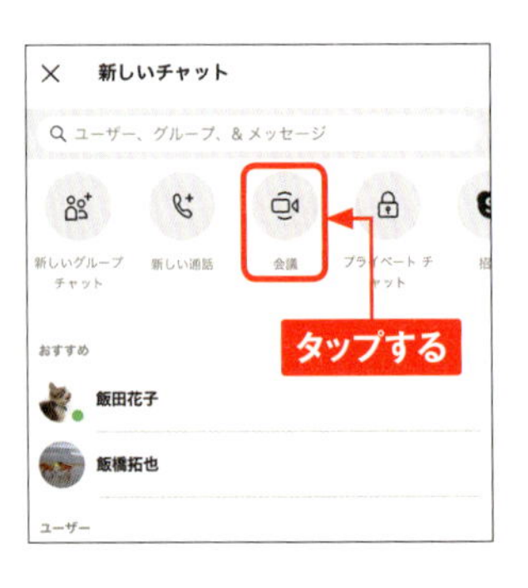

③ 通話用のリンクが作成されるので、＜招待を共有＞をタップします。

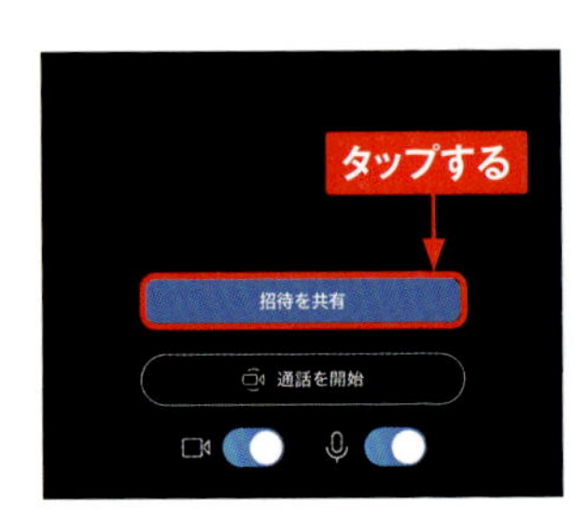

④ リンクを相手に共有して招待します。なお、＜通話を開始＞をタップすると、会議に参加します。

第5章 スマートフォンでSkypeを利用しよう

Androidで会議に招待する

① <チャット>→🖊の順にタップします。

② <会議>をタップします。

③ 通話用のリンクを相手に共有して招待します。

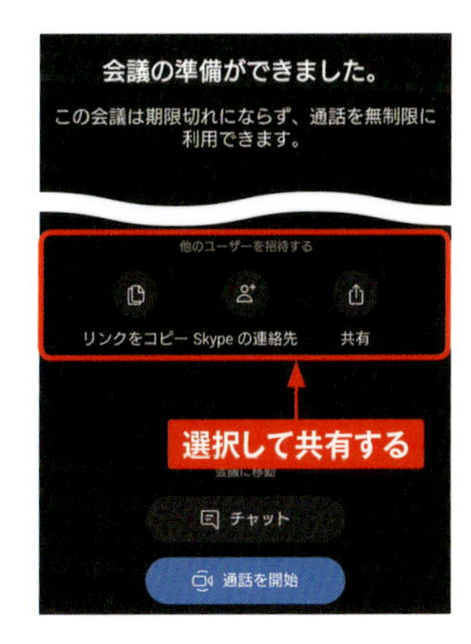

④ <通話を開始>または<チャット>をタップすると、会議に参加します。

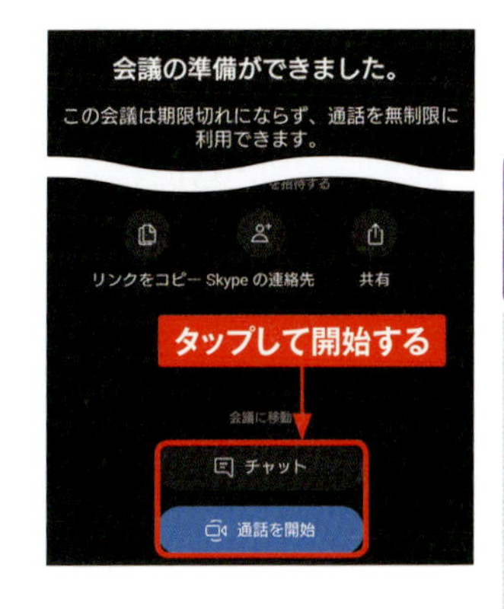

Memo 会議に参加する

会議に招待されると、Skypeのチャットやメールなど招待者が選択したツールで通知されます。リンクをタップしてページにアクセスし、<通話を開始>をタップすると、会議に参加します。

Memo 通話中に相手と画面を共有する

スマートフォンの画面操作方法や使い方、アプリに関することなどを相談するとき、画面を共有すると便利です。画面共有機能はiOS 12以降、Android 6.0以降であれば利用でき、異なる端末どうしでも可能です。なお、iPhoneとAndroidでは操作方法が異なります。

1. 会議中または通話中に…をタップします。

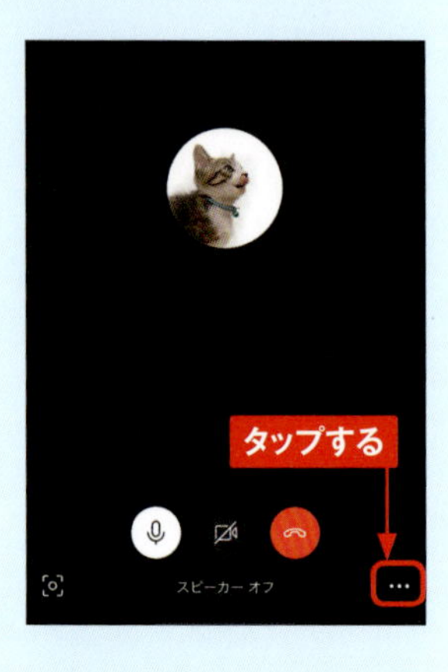

3. <Skype>→<ブロードキャストを開始>の順にタップすると画面の共有を開始します。Androidは<今すぐ開始>をタップすると、開始します。

2. <画面を共有>をタップします。

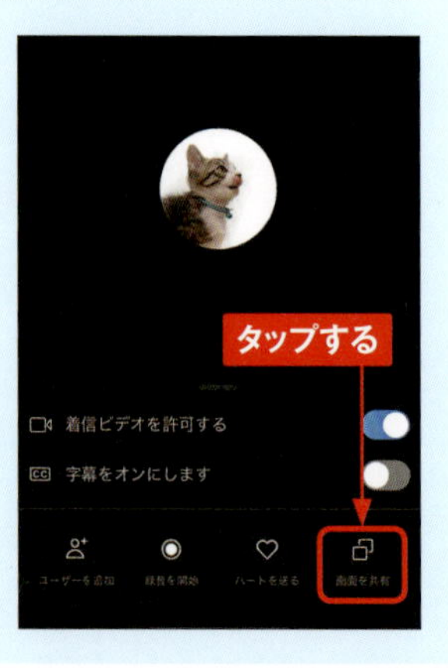

4. 画面左上の時刻表示または<ブロードキャストを停止>をタップすると、画面の共有を終了します。Androidは画面左上の<共有の停止>をタップすると、終了します。

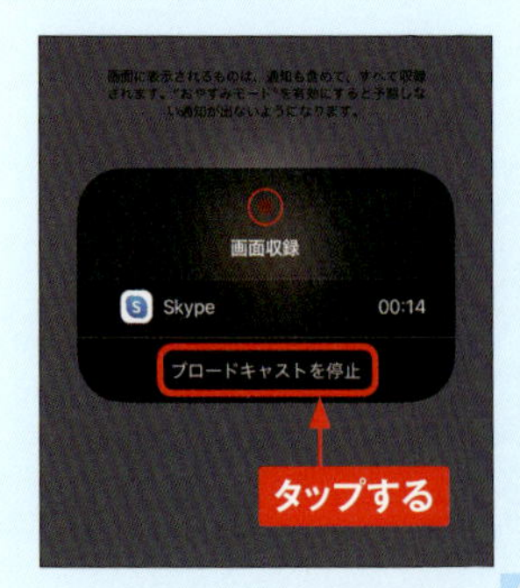

有料サービスを利用しよう

Section 48

有料サービスとは

有料サービスとなるSkypeの機能には「固定電話や携帯電話電話との通話」や「Skype番号の取得」、「国際通話」などがあります。ここでは、有料サービス利用時の支払い方法について解説します。

Skypeクレジット

Skypeクレジットは、有料サービス利用時にプリペイド（先払い）式の電子マネーとして、支払いに使用します。クレジットの購入は、Skypeの公式サイトをはじめ、コンビニエンスストアや家電量販店のオンラインショップなどで可能です。使用都度の支払いでよい、クレジットを相手に贈ることができるといったメリットがあります。

●Skypeクレジットのオプション

中国への全料金を確認

日本

¥1200の Skype クレジットで約 600 分*

固定電話	¥2/分⁺
携帯電話	¥12/分⁺

日本への全料金を確認

タイ

¥1200の Skype クレジットで約 306 分*

月額プラン

月額プランは、有料サービスの中でも「固定電話や携帯電話電話との通話」や「国際通話など特定の地域への通話」の利用頻度が高い場合に便利です。Skypeの公式サイトから通話プランに申し込み、月額固定料金を支払います。通話の利用制限がないこと、世界各国との格安通話プランを利用できることといったメリットがあります。

●月額プランのオプション

Skypeクレジットと月額プランの違い	
Skypeクレジット	月額プラン
通話ごとに料金が発生する	月単位で定額の料金が発生する
使った分だけ支払えばよい	毎月設定した上限まで（または無制限）、時間を気にせず利用できる
クレジットを贈ったり、ほかの有料サービスの支払いに利用したりできる	各国それぞれの格安プランが多く、最適なプランを利用できる

Section 49 Skype クレジットを購入しよう

Skypeクレジットを購入すると、Skypeの有料サービスを利用できます。月額プランに申し込む前に、有料サービスを試してみるとよいでしょう。ここでは、Skypeの公式サイトから購入する手順について解説します。

Skypeクレジットを購入する

① ホーム画面で<プロフィール画像>をクリックします。

② <Skypeで電話と通話>→<続行>の順にクリックします。

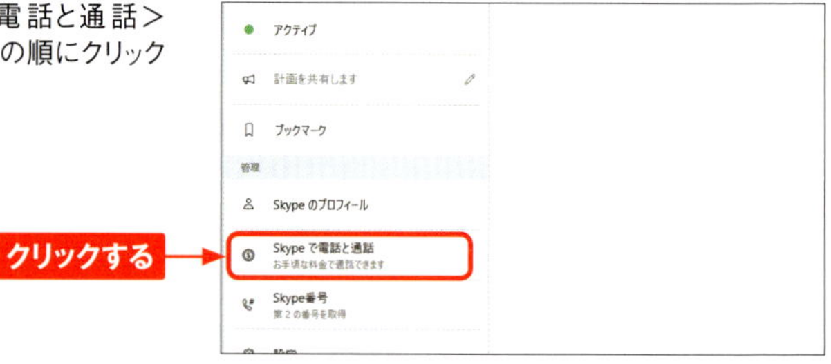

③ Skypeクレジットと月額プランの画面が表示されます。

④ 金額（ここでは<¥600>→<¥○○のクレジットを購入>の順にクリックします。

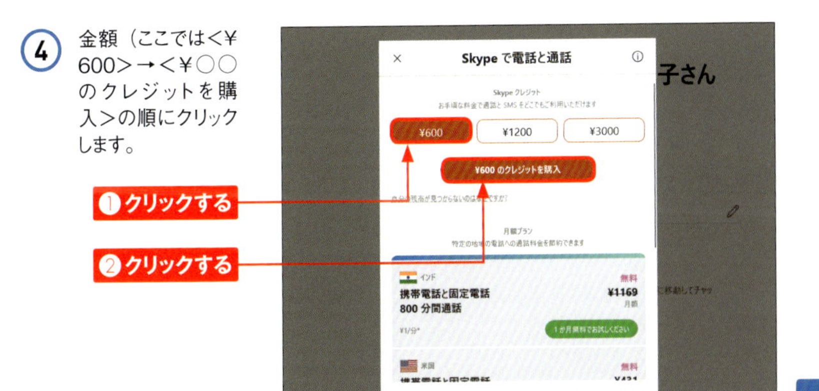

⑤ 名前と住所を入力して、<保存>をクリックします。

⑥ お支払い方法（ここでは<クレジット／デビットカード>）をクリックして、カード情報を入力し、<今すぐ支払う>をクリックすると、購入が完了します。

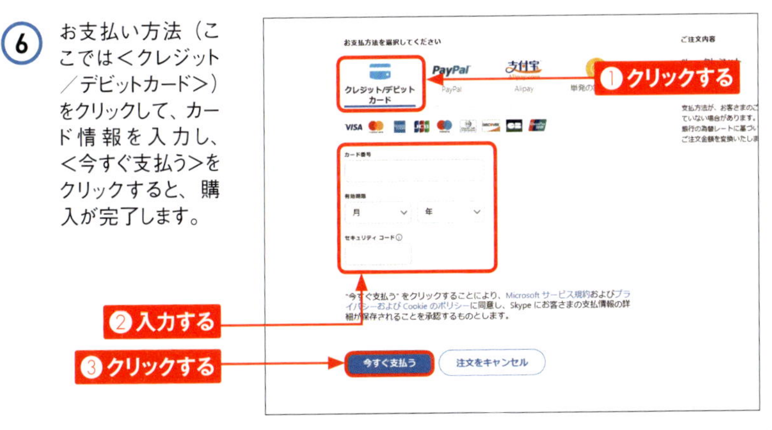

Section 50

月額プランに申し込もう

日本または特定の国にある固定電話／携帯電話との通話を、毎月一定料金の支払いで利用できる月額プランが用意されています。ここでは、Skypeの公式サイトから申し込む手順について解説します。

月額プランに申し込む

① ホーム画面で<プロフィール画像>をクリックします。

クリックする

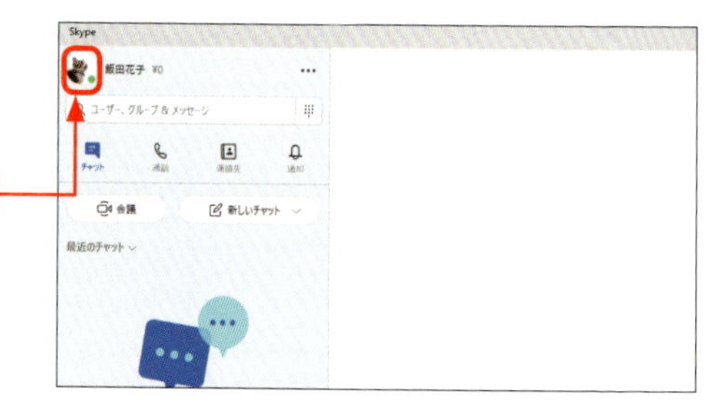

② <Skypeで電話と通話>→<続行>の順にクリックします。

クリックする

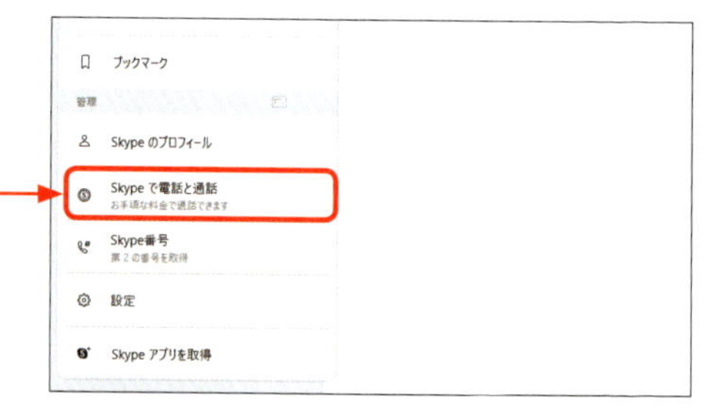

③ Skypeクレジットと月額プランの画面が表示されます。

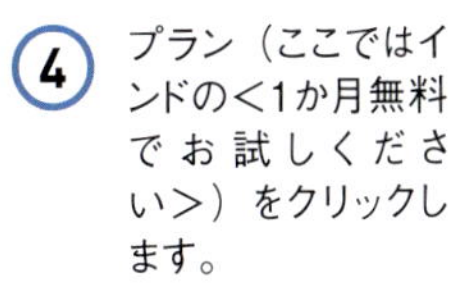

4 プラン（ここではインドの＜1か月無料でお試しください＞）をクリックします。

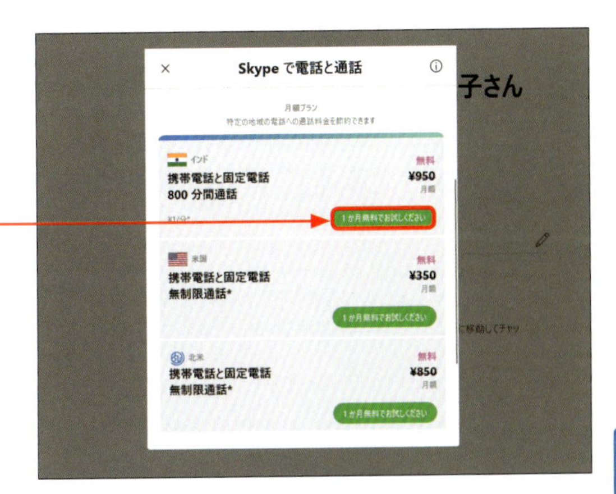

5 お支払い方法（ここでは＜クレジット／デビットカード＞）をクリックします。

6 カード情報を入力して、＜無料試用版を使用開始＞をクリックすると、申し込みが完了します。

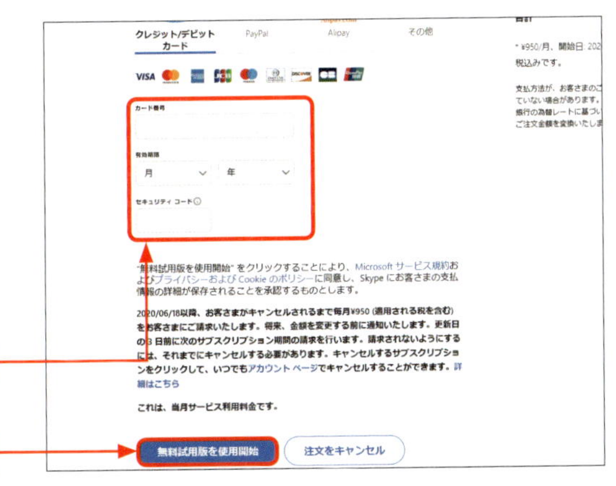

Section 51

固定電話／携帯電話と通話しよう

Skypeクレジット購入や月額プラン申し込みで有料サービスが利用可能になったら、固定電話や携帯電話に通話を発信してみましょう。電話番号をSkypeの連絡先に登録することも可能です。

音声通話を発信する

1 ホーム画面で⠿をクリックします。

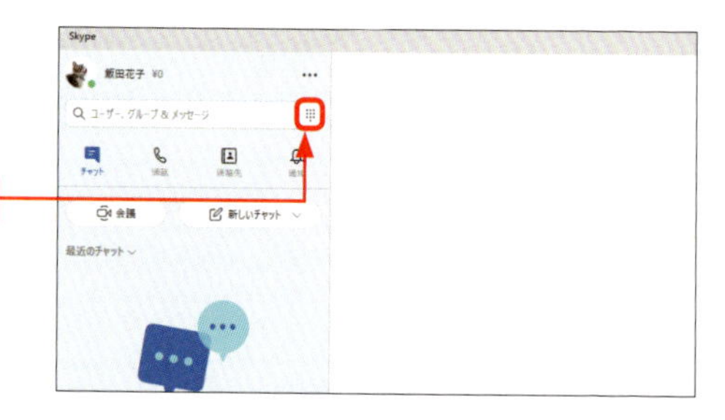

2 ダイヤルパッドが表示されます。

3 ＜国と地域＞→相手の国（ここでは＜日本＞）の順にクリックします。

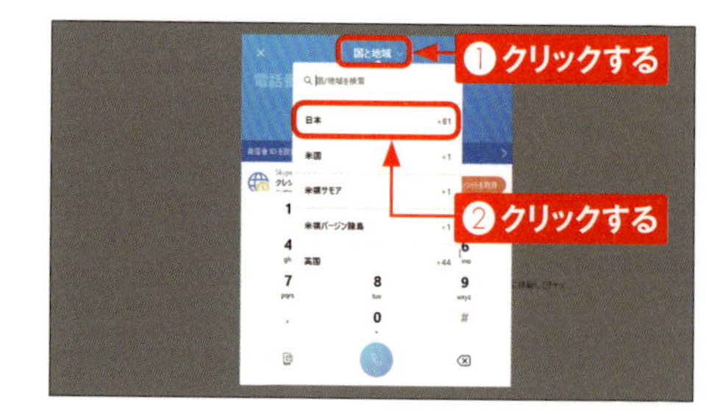

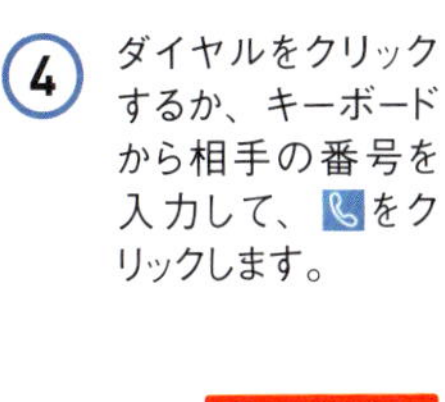

④ ダイヤルをクリックするか、キーボードから相手の番号を入力して、📞をクリックします。

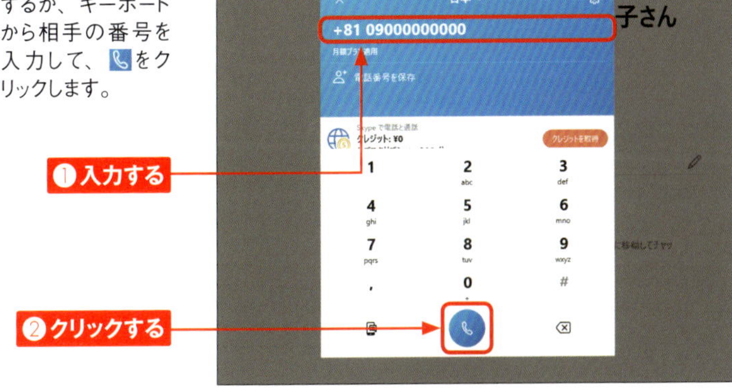

⑤ 発信中画面が表示されます。

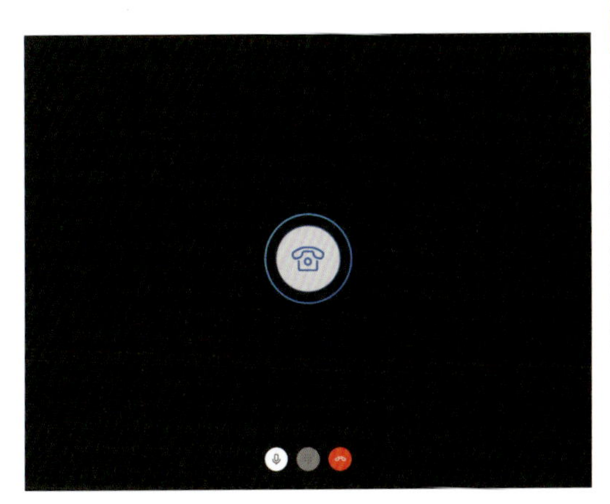

⑥ 発信した番号は、履歴に表示されます。

Section 52

Skype 番号を取得しよう

固定電話からの着信に利用できる固有の電話番号（Skype番号）を取得することができます。1つのアカウントにつき、最大10個まで取得することができますが、1個につき料金が加算されます。ここでは、Skype番号の取得手順について解説します。

Skype番号を取得する

1 ホーム画面で<プロフィール画像>をクリックします。

クリックする

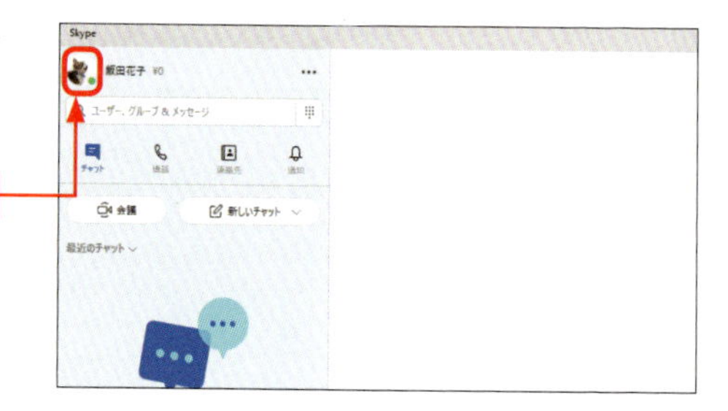

2 <Skype番号>をクリックします。

クリックする

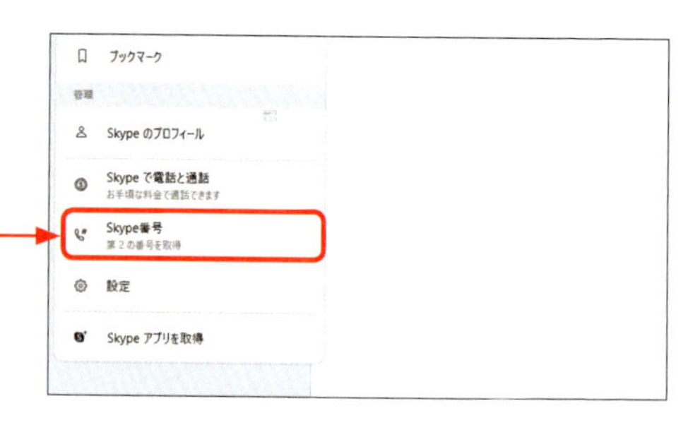

3 Webブラウザー画面に切り替わります。

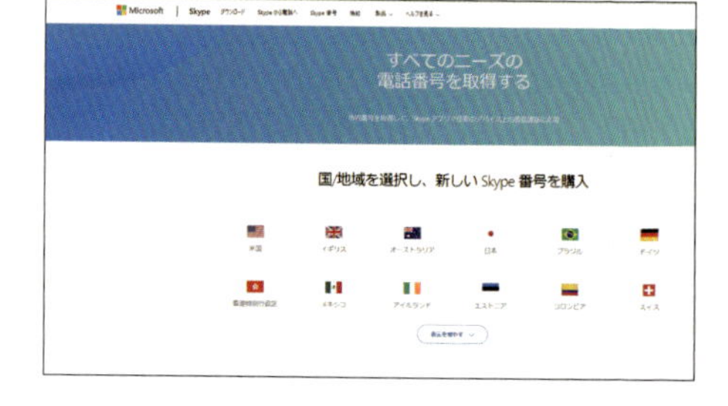

4 番号を取得する国（ここでは＜日本＞）をクリックします。

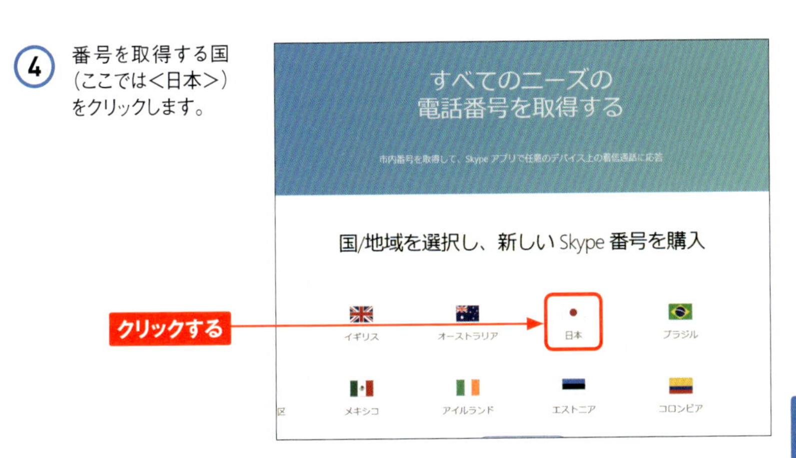

5 チェックボックス→＜続行＞の順にクリックします。

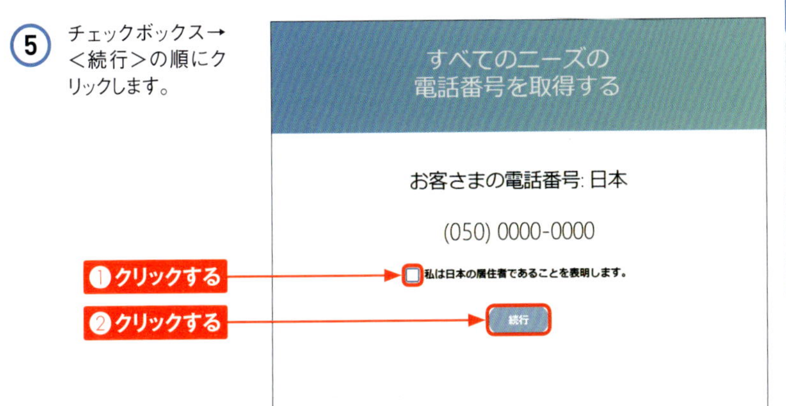

6 支払い請求期間（ここでは＜毎月支払い＞）→＜続行＞の順にクリックして、支払い情報を入力すると、取得できます。

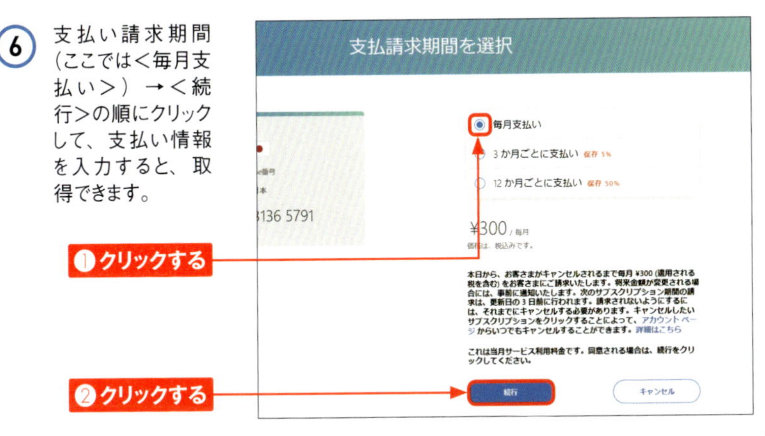

Section 53 Microsoft Teamsを利用しよう

Microsoft Teamsは、Skypeの通話機能にチーム／チャンネルといったグループ管理の機能を加えたオフィス向けチャットアプリです。従来の「Skype for Business」は、Microsoft Teamsに統合される予定です。

Microsoft Teamsの機能と仕組み

●チーム

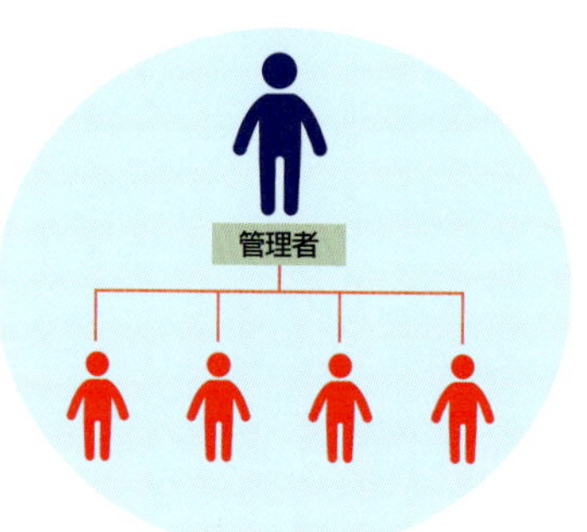

Teams内にある1つの組織で、管理者とメンバーで構成されています。プロジェクトのチームや部署のチームを作成したりします。外部ユーザーをゲストとして招待することもできます。

●チャネル

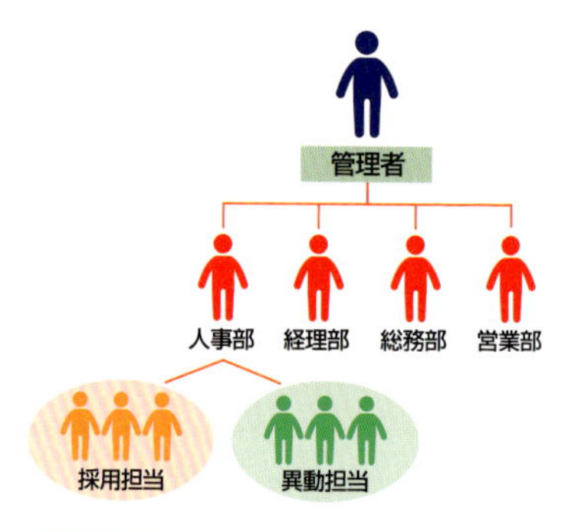

チーム内にある実際のコミュニケーションスペースがチャネルです。各チームではトピックごとにチャネルを分別することで、コミュニケーションの効率を向上することができます。

Memo Skype for Businessとの違い

Microsoft Teamsには、ツール連携機能が備わっていることが大きな違いです。Microsoft 365のほかにも様々な連携先を持っており、タスク管理のTrelloやカスタマーサポートツールのZendeskなど、日頃からビジネスで使用しているツールが統合されています。

●ファイル／ツール

Word、Excel、PowerPointなど使い慣れたOfficeファイルをTeams上で直接表示したり、編集したりすることができます。ツールを連携することでより使いやすくなります。

●チャット

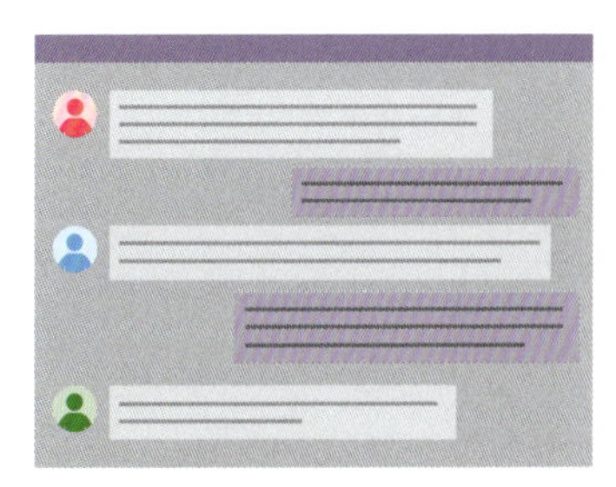

写真や動画、ファイルなどを共有したり、音声メッセージを送信したりできることに加え、チーム全体へのアナウンスを投稿する機能やSNSサービスと同じように「いいね！」機能があります。

●会議

会議中にシェアされたメモやファイルを会議履歴として確認したり、最大250人で会議を開催したりすることができ、ビジネス向け機能が充実しています。また、ビデオ通話の背景画像を自由に設定することが可能になりました。

Memo Microsoft Teamsの有料版

Microsoft Teamsには、無料版と有料版があります。有料版は保存容量の大きさに加えて、法人での利用を前提としたサービスで、管理や監査機能が充実しています。Microsoft 365を導入していない場合は、月額プランへ加入することで利用できます。

Memo スマートフォンから有料サービスを利用する

iPhoneやAndroidなどのスマートフォンからでも、有料サービスを利用することができます。ここでは、Skypeクレジットの購入や月額プランの申し込み手順について解説します。

① 自分のアイコンをタップします。

② <Skypeで電話と通話>をタップします。

③ Skypeクレジットと月額プランの画面が表示されます。

④ いずれかを選択してタップすると、支払い画面が表示されます。以降は画面の指示に従って進みます。

Skypeを オフィスで利用しよう

Section 54

Skype Managerとは

会社やグループで利用するSkypeの設定や管理を一括で行うことができるツールとして、Skype Managerがあります。ここでは、Skype Managerの機能や仕組みについて解説します。

Skype Managerの機能と仕組み

●ビジネスアカウントの作成

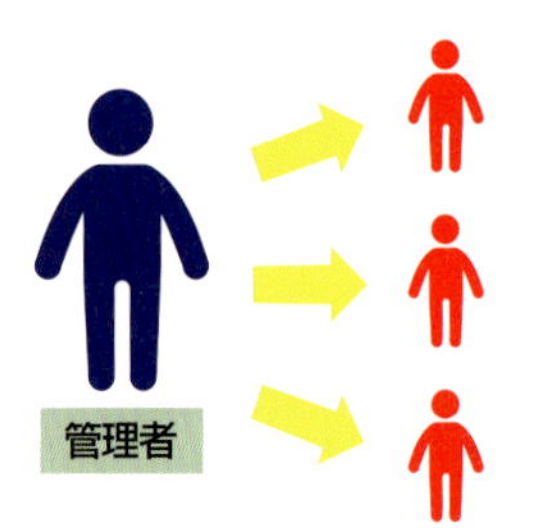

管理者は1人1人に対して、ビジネス用のアカウントを作成することができます。これにより、グループ作成やメンバーの管理がしやすくなります。

●参加メンバーの管理

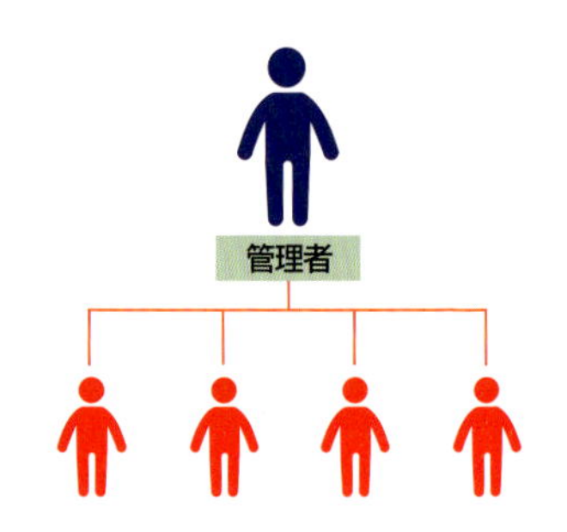

管理者はそれぞれのメンバーに対して、チャットや通話への参加の招待やアクセス制御、有料サービスの割り当てなどを行うことができます。

Memo Skype Managerの利用料金

Skype Managerは、公式サイトから無料でダウンロード・インストールできます。そのあとの運営コストもすべて無料で月額料金などが発生することもありません。ただし、Skypeクレジットや Skype番号などの有料サービスを利用する場合は、別途料金の支払いが必要です。

●有料サービスの割り当て

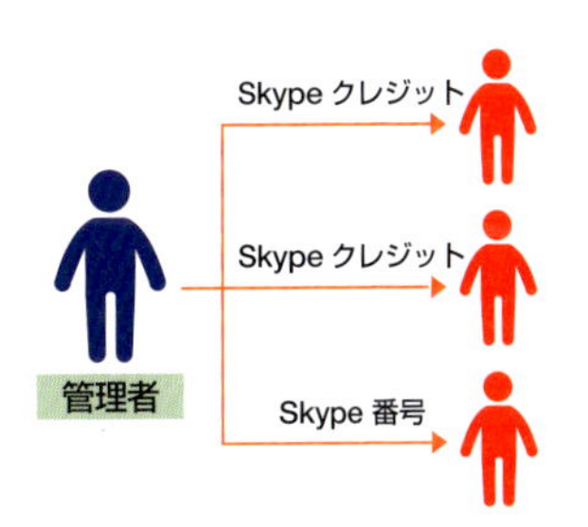

管理者はそれぞれのメンバーに対して、SkypeクレジットやSkype番号などの有料サービスを割り当てることができます。これにより、通話コストを一定に制限可能です。

●使用状況のトラッキング

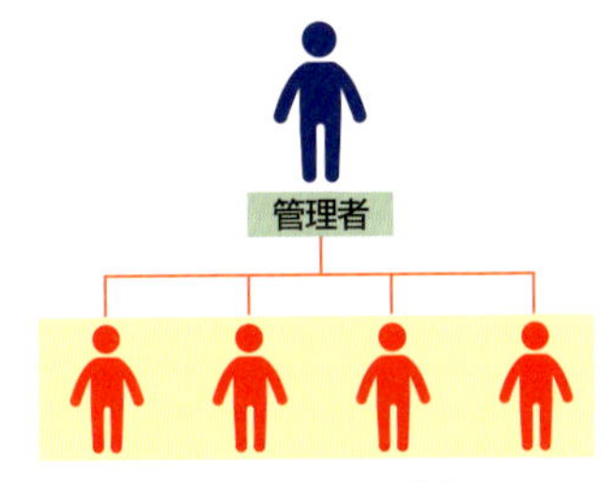

管理者はそれぞれのメンバーの通話履歴や有料サービスの使用状況を確認できます。これにより、有料サービスのプラン見直しなどコスト削減に役立ちます。

●詳細な設定を変更する

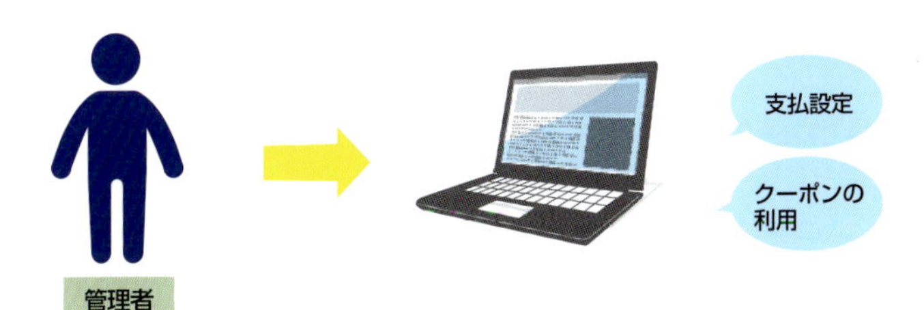

管理者はグループの詳細な設定を変更することができます。有料サービスの支払いに利用できる電子クーポンの適用や購入限度額の設定など確認してみましょう。

Memo Skype Managerの動作環境

Skype Managerは、Windows 7以降のパソコン、macOS 10.10以降のMacであれば、ほぼ問題なく動作します。OSがあまりにも古い場合には、WindowsまたはMacの公式サイトを参照して、OSの更新を済ませておくとよいでしょう。

Skype Managerを利用しよう

Skype Managerを利用するには、インストールとMicrosoftアカウントによるサインインが必要です。管理者のアカウントは普段利用しているアカウントを使用できます。ここでは、インストールとサインインの手順について解説します。

サインインする

1 Webブラウザーで「https://www.skype.com/ja/skype-manager/」にアクセスします。

入力する

2 <今すぐスタート>をクリックします。

クリックする

3 <アカウントにサインインまたはアカウントを作成>をクリックします。

クリックする

4 Microsoftアカウントを入力して、<次へ>をクリックします。

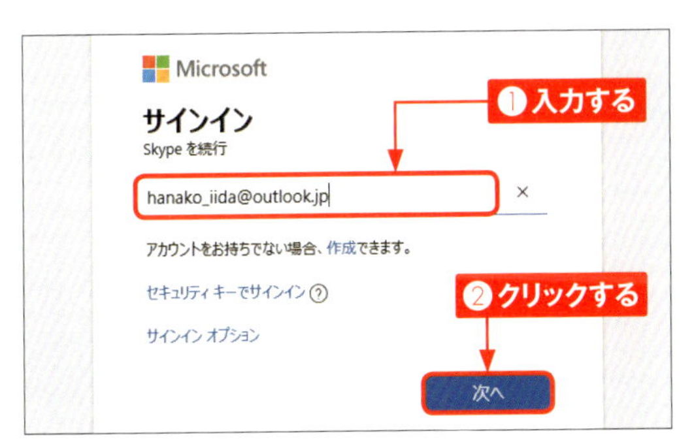

5 パスワードを入力して、<サインイン>をクリックします。

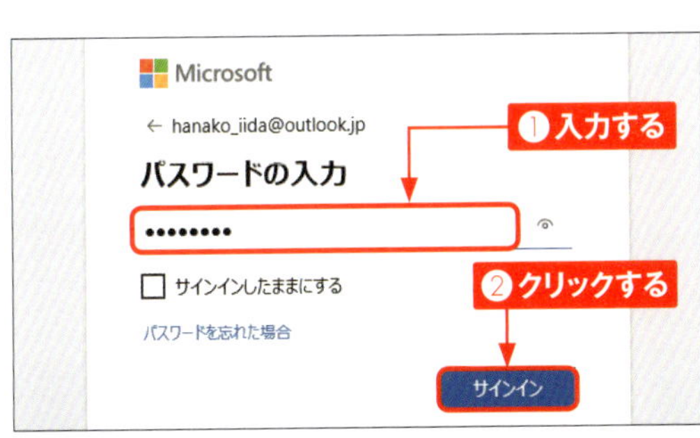

6 会社名またはグループ名を入力して、<続行>をクリックします。

7 ホーム画面が表示されます。

Section 56

Skype Managerの画面構成

Skype Managerにサインインした直後に表示されるホーム画面や主な機能の画面構成を確認しましょう。ここでは、管理者として操作可能な各種機能についても解説します。

ホーム画面構成

1	メニューバー	管理者として操作可能な機能です
2	アカウント	自分のプロフィール表示やサインアウトを行います
3	グループ	管理しているグループの概要が表示されます
4	機能	有料サービスやチャット機能が表示されます
5	アクティビティ	管理しているグループの最新情報が表示されます

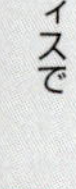

●メンバー

招待や削除、リストの作成などメンバーの管理を行います。

●機能

有料サービスの割り当てや通話に関する便利な機能を利用できます。

●レポート

有料サービスの使用状況や毎月の請求書などを表示できます。

Section 57 メンバーを追加しよう

管理者はチャットや通話への参加の招待などメンバーの管理を行うことができます。ここでは、Skypeを利用している相手を招待する手順と、招待を承諾する手順について解説します。

相手を招待する

1 ホーム画面の左上にある<メンバー>をクリックします。

2 追加する相手の名前またはメールアドレスを入力して検索します。相手のアカウント（ここでは<橋田明子>）をクリックします。

3 <招待>をクリックします。

招待を承諾する

1 ホーム画面で•••→<設定>→<自分のアカウント>の順にクリックすると、Webブラウザー画面に切り替わります。<詳細はこちら>をクリックします。

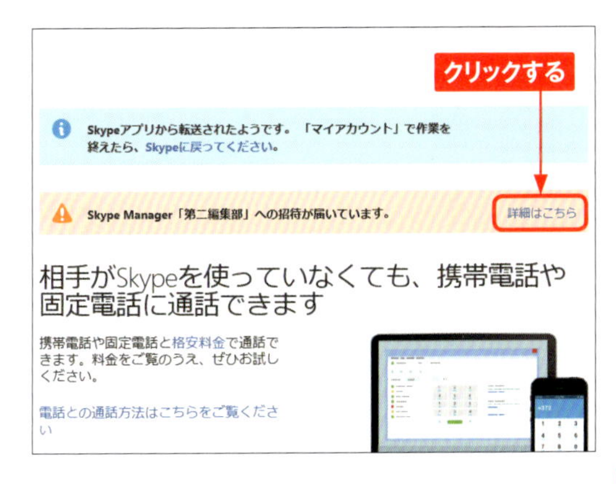

2 「トラフィックデータや購入履歴など～」と「利用規約に同意」のチェックボックスをクリックして、<招待を承諾>をクリックします。

3 メンバーとして追加されました。

Section 58

メンバーのプロフィールやレポートを確認しよう

管理者はメンバーのプロフィールを確認したり、使用状況についてのレポートを閲覧したりすることができます。ただし、メンバー個人ごとのレポートを閲覧するには、メンバーの同意が必要です。

プロフィールを確認する

1 画面左上の<メンバー>をクリックします。

2 プロフィールを確認したいメンバーの名前（ここでは<橋田明子>）をクリックします。

3 プロフィールが表示されます。

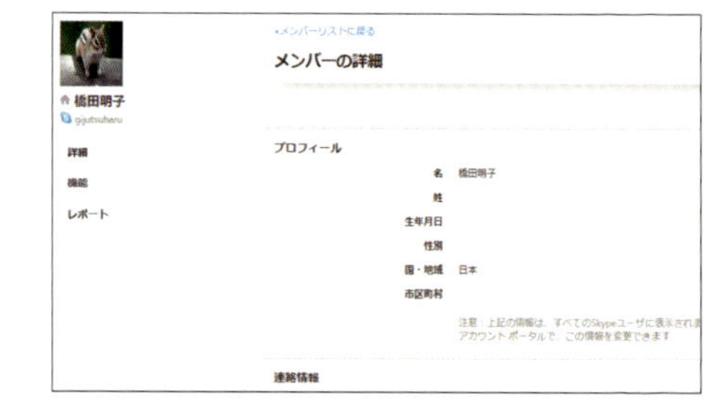

レポートを確認する

1 画面左上の<レポート>をクリックします。

2 <要約>をクリックすると、使用状況や購入履歴を確認できます。

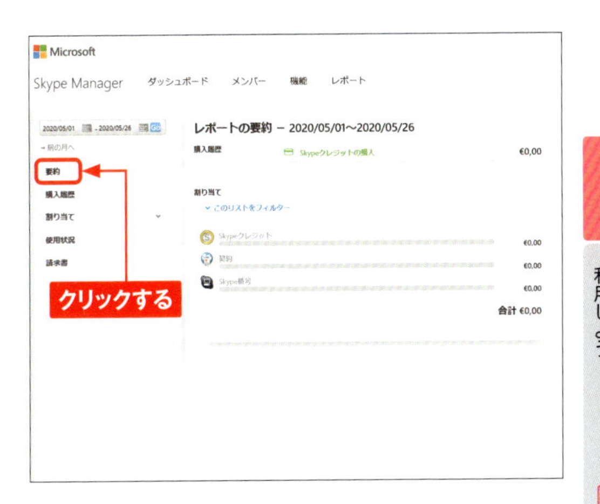

3 ▦をクリックすると、レポート期間を変更できます。

Section 59

有料サービスを割り当てよう

管理者はそれぞれのメンバーに対して、SkypeクレジットやSkype番号などの有料サービスを割り当てることができます。ここでは、Skypeクレジットの購入手順と、割り当て手順について解説します。

Skypeクレジットを購入する

1 画面右上の＜クレジットを購入＞をクリックします。

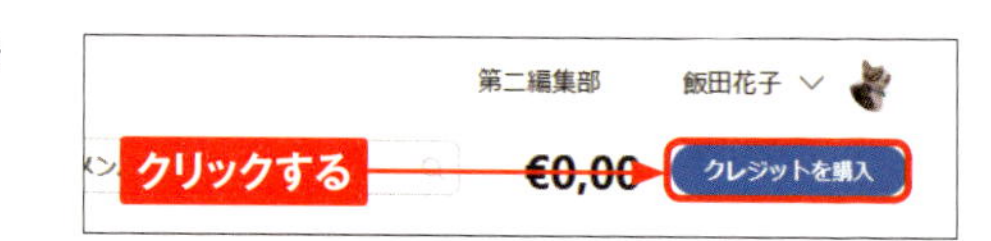

2 金額をクリックして、＜続行＞をクリックします。

3 お支払い方法（ここでは＜クレジット／デビットカード＞）をクリックして、カード情報を入力、＜今すぐ支払う＞をクリックすると、購入が完了します。

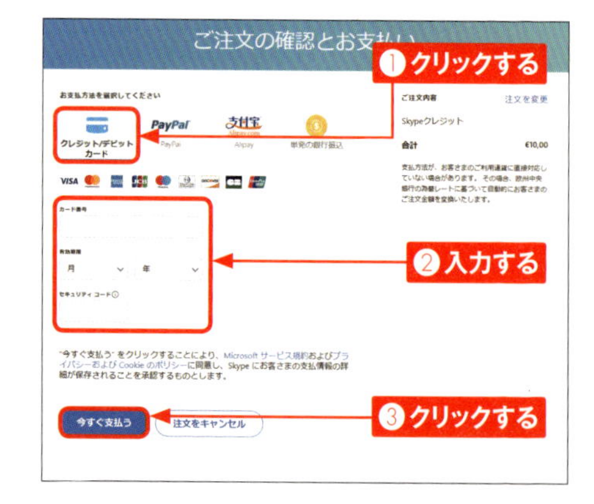

Skypeクレジットを割り当てる

1 画面左上の＜機能＞をクリックします。

2 ＜Skypeクレジットの割り当て＞をクリックします。

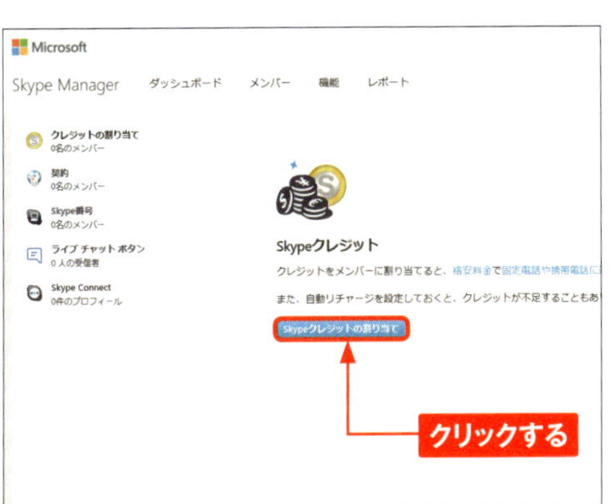

3 金額の入力をして、＜変更を保存＞をクリックすると、Skypeクレジットが割り当てられます。

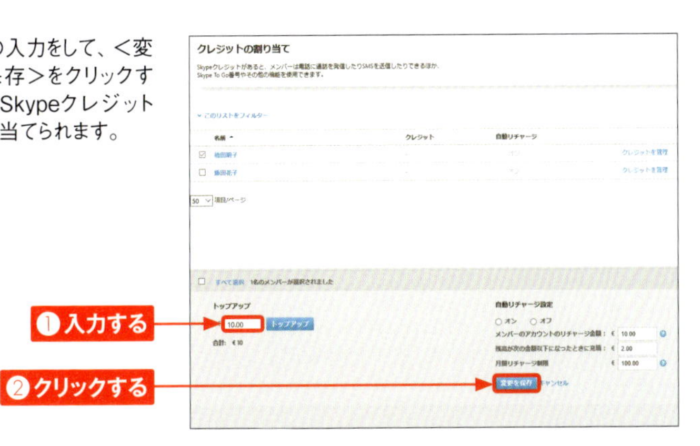

Section 60

サインアウトしよう

有料サービスの申し込みや支払い情報など個人情報が多く保存されているため、適宜サインアウトをしましょう。利用する必要がなくなった場合は、速やかに削除することをおすすめします。

サインアウトする

1 画面右上の自分の名前をクリックします。

2 ＜サインアウト＞をクリックすると、完了します。

クリックする

Memo Skype Managerを削除する

Skype Managerを削除したい場合には、グループ名の右にある🖉→＜このグループを削除＞の順にクリックします。確認事項にチェックを付けて、＜Skype Managerの削除＞をクリックすると削除されます。なお、一度Skype Managerを削除すると、メンバーに割り当てられていた有料サービスがキャンセルされるので注意しましょう。

Skypeをもっと活用しよう

Section 61

スマートフォンのアドレス帳を活用しよう

通話やチャットを利用するためには、相手を連絡先に追加することが基本です。スマートフォンのアドレス帳に登録している相手に、連絡先追加のリクエスト（Skypeへの招待）を送信してみましょう。

iPhoneで相手を招待する

1 あらかじめ本体の設定でSkypeアプリによる「連絡先」へのアクセスを許可します。

2 <プロフィール画像>→<設定>→<連絡先>の順にタップします。

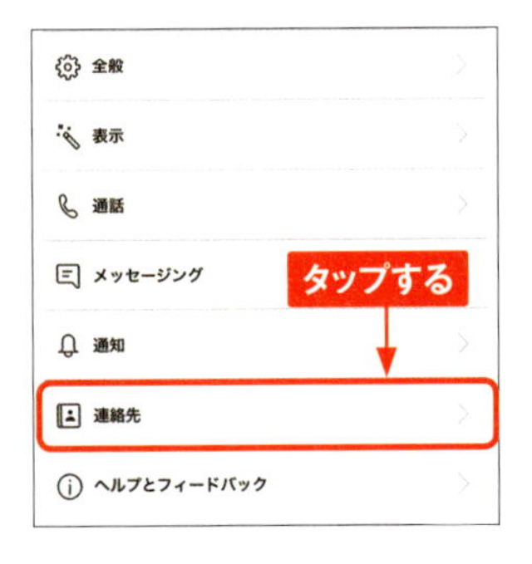

3 連絡先の同期を許可します。

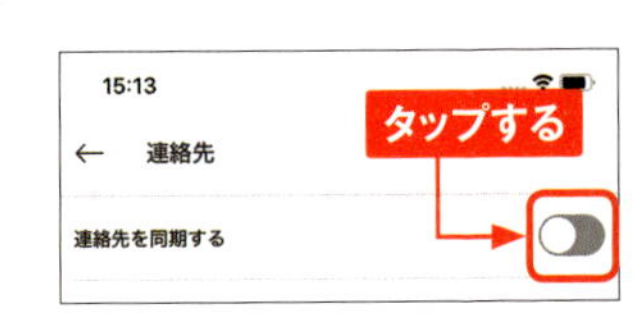

4 <連絡先>→<招待>の順にタップします。

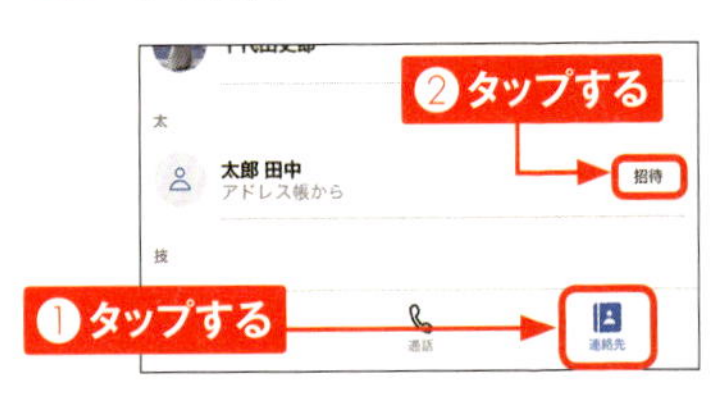

5 招待する方法を選んでタップすると、メッセージとリンクが作成されるので送信します。

第8章 Skypeをもっと活用しよう

Androidで相手を招待する

1 あらかじめ本体の設定でSkypeアプリによる「連絡先」へのアクセスを許可します。

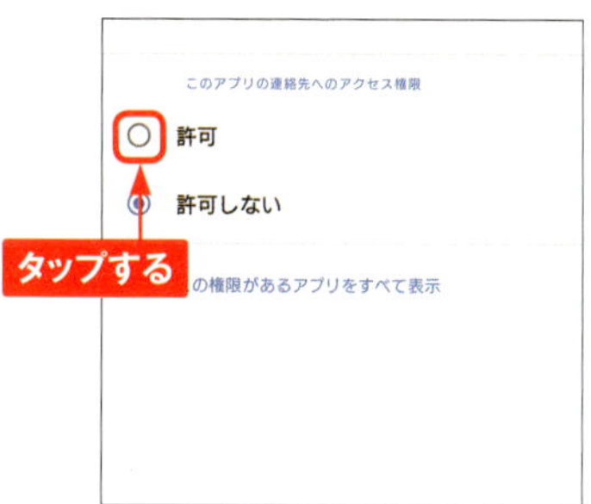

2 ＜プロフィール画像＞→＜設定＞→＜連絡先＞の順にタップします。

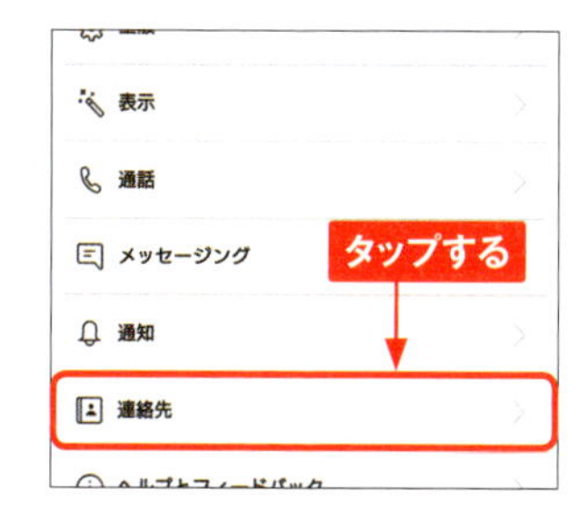

3 連絡先の同期を許可します。

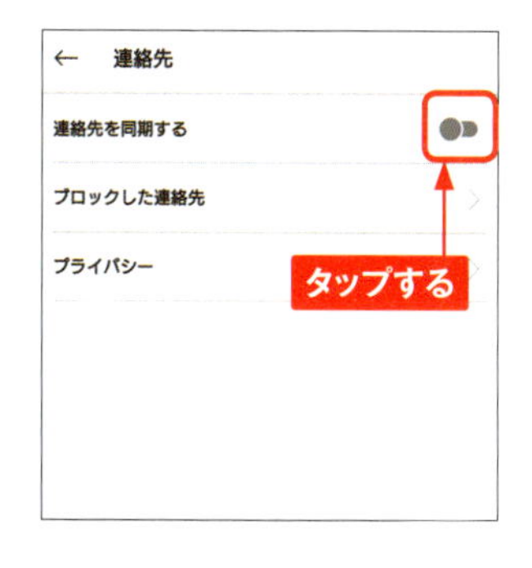

4 ＜連絡先＞→＜招待＞の順にタップします。

5 招待する方法を選んでタップすると、メッセージとリンクが作成されるので送信します。

Section 62 連絡先に電話番号を登録しよう

連絡先に追加できるのは、Skypeのアカウントだけではありません。携帯電話や固定電話の電話番号を連絡先に登録することができます。ただし、これらの電話番号との通話には、Skypeクレジットか月額プランへの加入が必要です。

連絡先に電話番号を登録する

1 ＜連絡先＞→＜新しい連絡先＞の順にクリックします。

2 ＜電話番号を追加＞をクリックします。

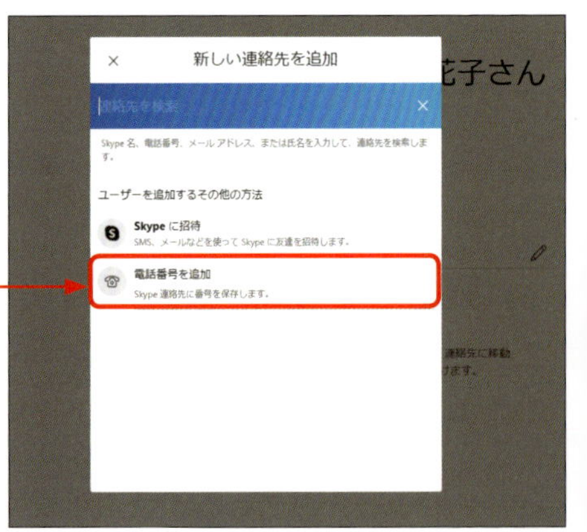

3 名前を入力します。

入力する
電話番号を追加
保存
名前
田中五郎
電話
+1
携帯

4 ∨をクリックして、国／地域（ここでは＜日本＞）をクリックします。

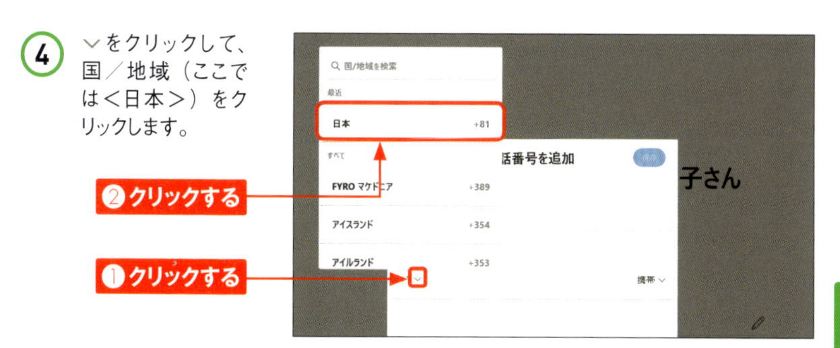

5 電話番号を入力します。∨をクリックすると、電話番号の種類を選択できます。

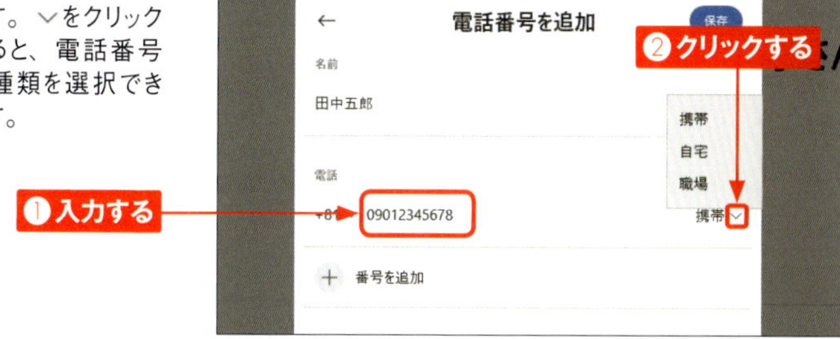

6 ＜保存＞をクリックすると、電話番号が登録されます。

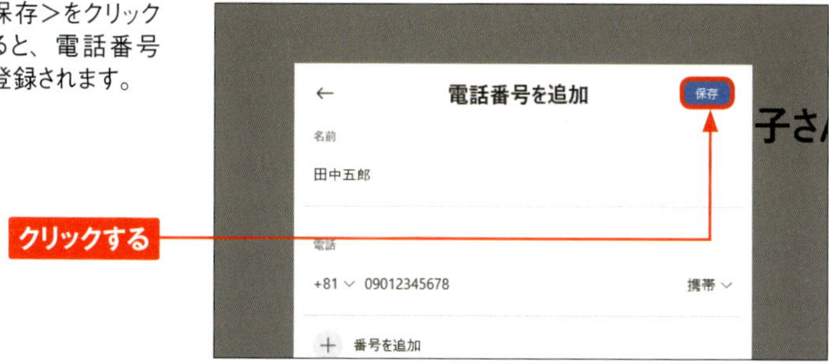

ハンズフリーで通話しよう

パソコンやスマートフォンをBluetoothでヘッドセットに接続すると、通話をハンズフリーで行うことができます。配線のわずらわしさがなく、パソコンやスマートフォンから離れた位置でも、イヤホンとマイク機能を快適に利用できます。

パソコンと接続する

1 Windows 10の設定画面で<デバイス>をクリックします。

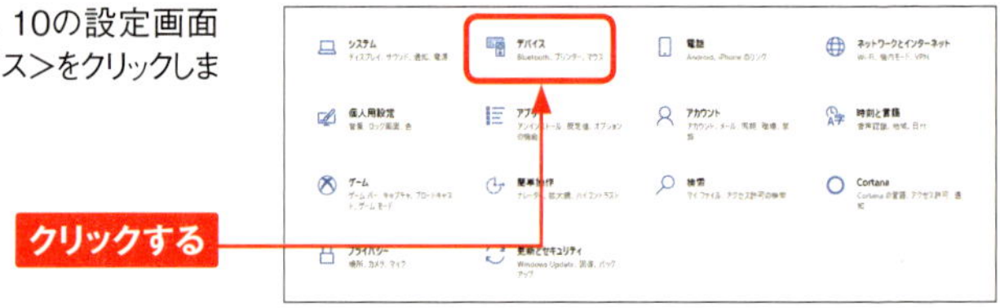

クリックする

2 ●をクリックして、Bluetoothをオンにします。ヘッドセットを接続モードにします。

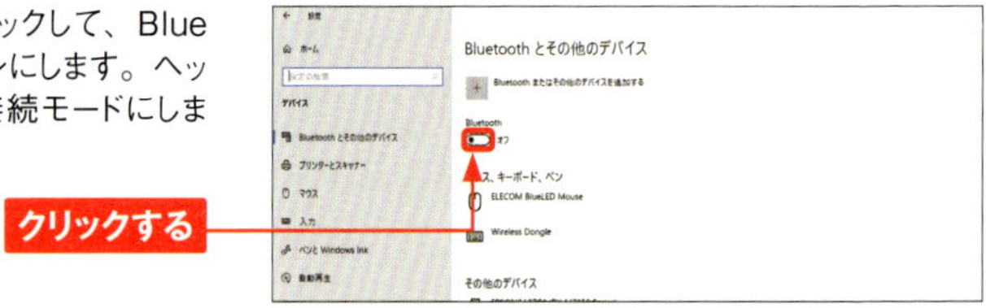

クリックする

3 ＋→<Bluetooth>の順にクリックすると、接続可能なデバイスが検索されます。

4 ヘッドセットの名称をクリックすると、接続されます。

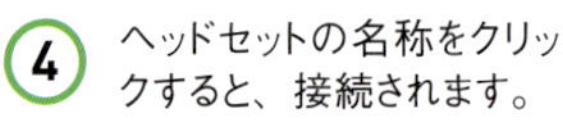

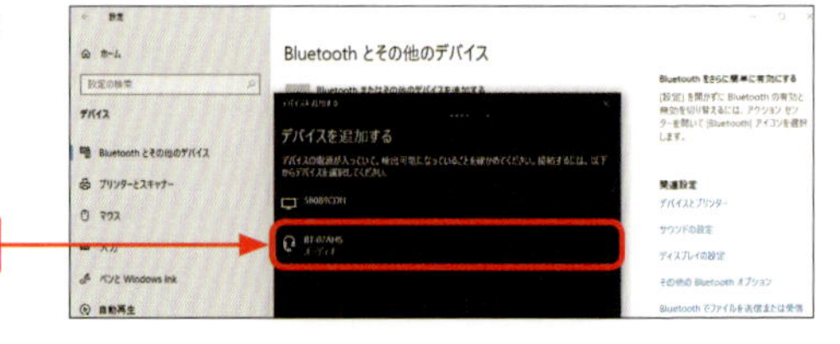

iPhoneと接続する

① 本体の設定で<Bluetooth>をタップします。

② をタップして、Bluetoothをオンにします。ヘッドセットを接続モードにします。

③ ヘッドセットの名称をタップすると、接続されます。

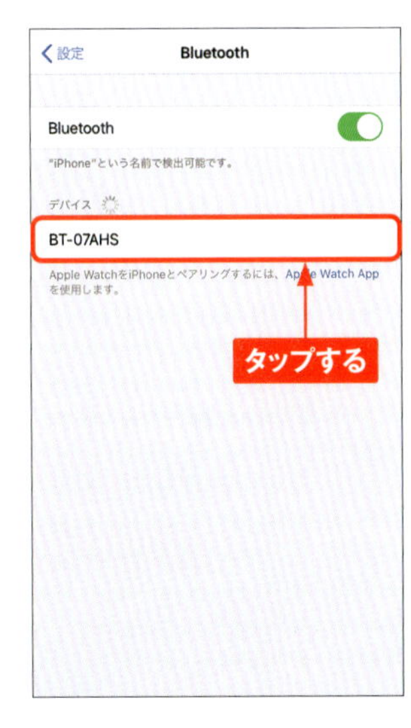

Memo Androidと接続する

本体の設定でBluetoothをオンにして、ヘッドセットを接続モードにします。名称→<ペア設定する>の順にタップすると、接続されます。

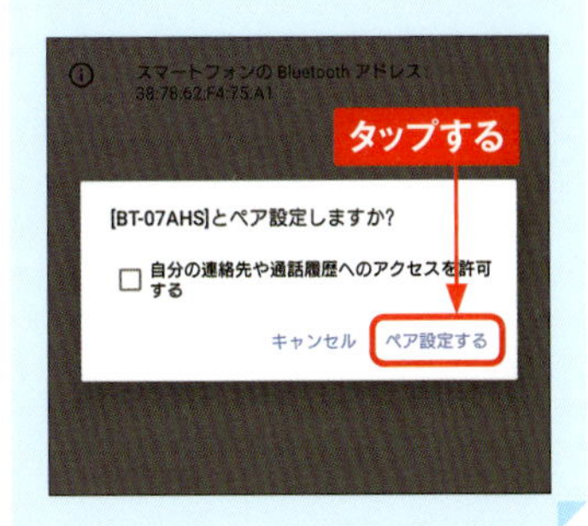

音声ガイダンスでダイヤルパッドを使用しよう

通話中の音声ガイダンスの利用などで、番号入力が必要な場合は、ダイヤルパッドを表示して入力します。ダイヤルパッドの入力は、やり直すことができないので、慎重に行いましょう。

パソコンでダイヤルパッドを使用する

1 通話中に☰をクリックします。

クリックする

橋田明子

2 ⠿をクリックします。

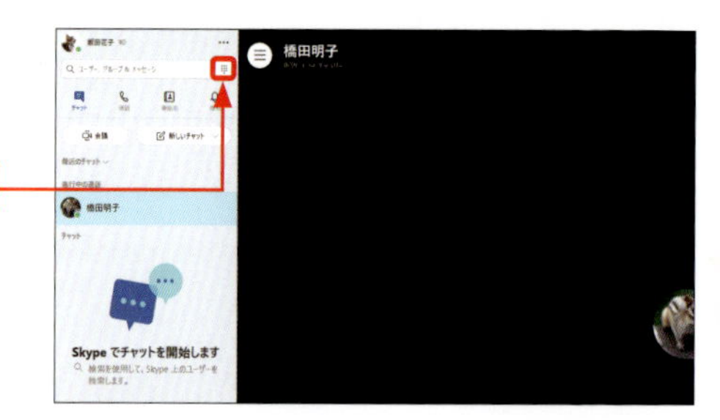

3 ダイヤルパッドが表示されます。

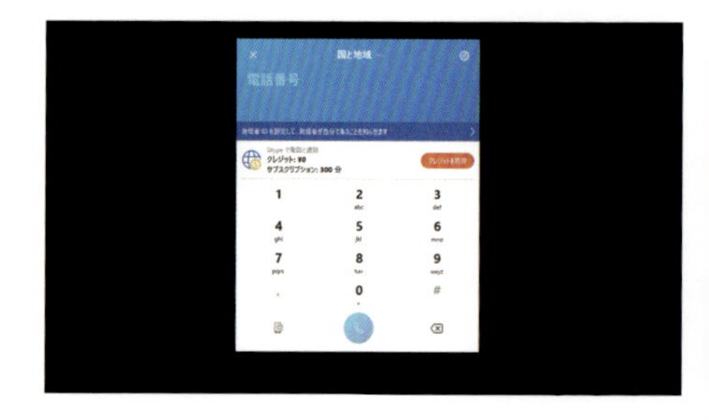

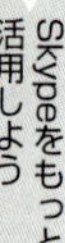

スマートフォンでダイヤルパッドを使用する

1 通話中に▤をタップします。

2 ←をタップして、ホーム画面を表示します。

3 ＜通話＞→▦の順にタップします。

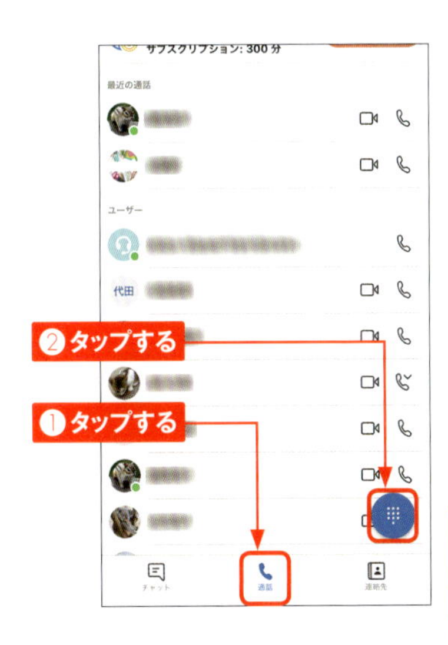

4 ダイヤルパッドが表示されます。

Section 65

通話転送を設定しよう

Skypeでは、着信があったときに携帯電話や固定電話、別のアカウントなどへ通話を転送するように、あらかじめ設定しておくことができます。ただし、携帯電話や固定電話への転送は有料サービスです。

通話転送を有効にする

1 ホーム画面で…→<設定>の順にクリックします。

2 <自分のアカウント>をクリックします。

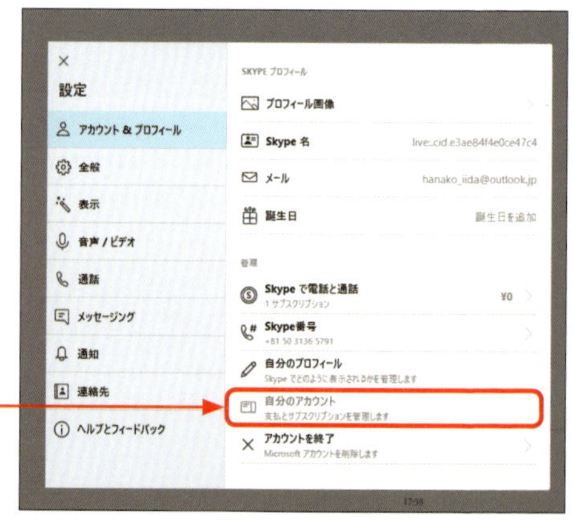

3 <通話転送とボイスメール>をクリックします。

4 →転送先（ここでは<携帯電話番号または固定電話番号>）→<確認>の順にクリックします。

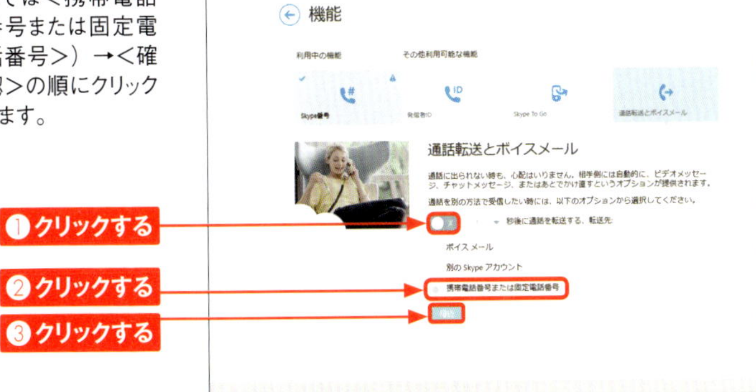

5 ▼をクリックして「国または地域」を選択します。「電話番号」を入力して、<確認>をクリックすると、設定されます。

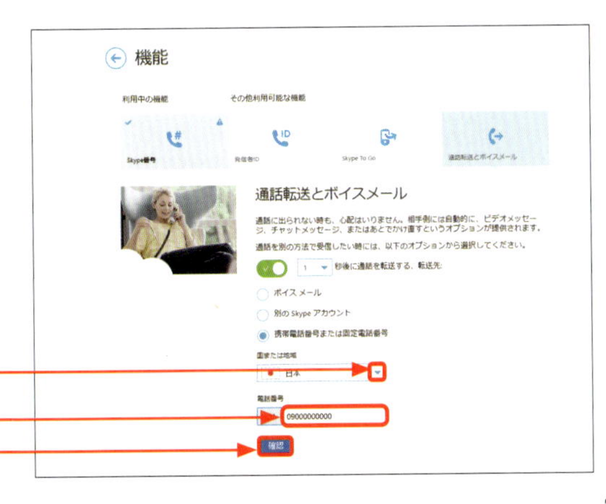

Section 66

ボイスメールを設定しよう

退席中やオフライン中で着信に応答できないとき、相手に音声メッセージを録音してもらうことができます。録音された音声メッセージはボイスメールとして自分に送信され、再生することができます。

ボイスメールを有効にする

1 ホーム画面で … → <設定>の順にクリックします。

2 <自分のアカウント>をクリックします。

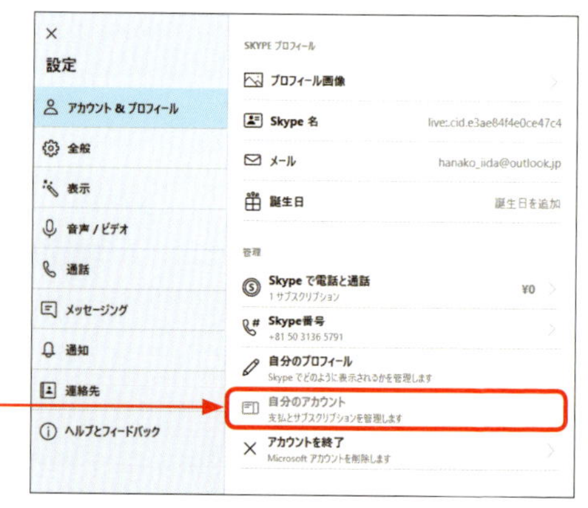

3 ＜通話転送とボイスメール＞をクリックします。

4 →＜ボイスメール＞→＜確認＞の順にクリックすると、設定されます。

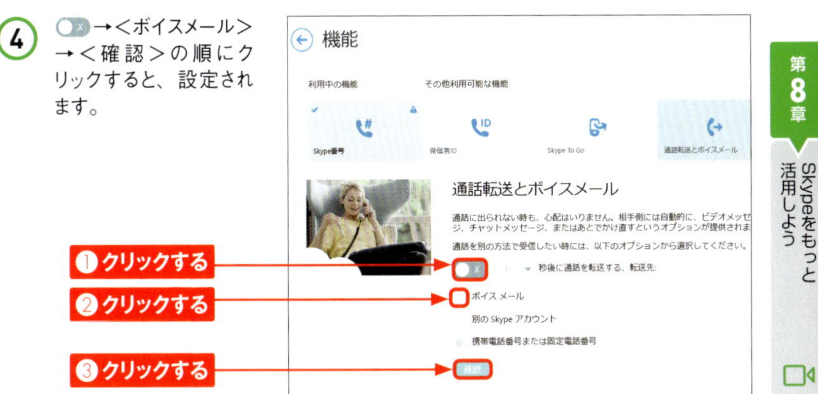

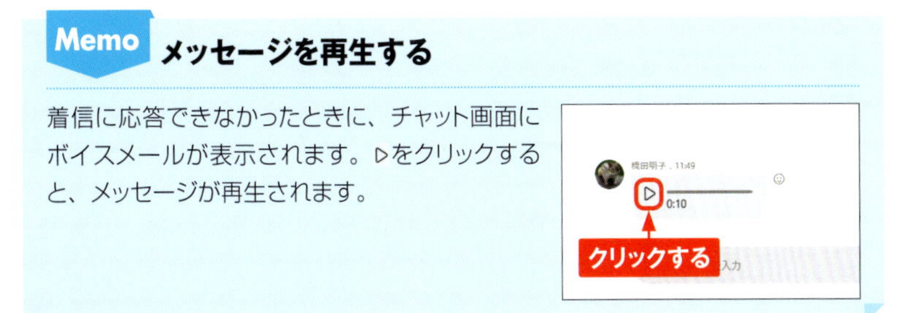

Memo メッセージを再生する

着信に応答できなかったときに、チャット画面にボイスメールが表示されます。▷をクリックすると、メッセージが再生されます。

Section 67

音声メッセージを利用しよう

音声メッセージは、最大2分間のメッセージを録音してチャット画面で送信できる機能です。相手のログイン状況がオフラインであっても送信できるので、伝言として活用できます。

音声メッセージを作成して送信する

1 メッセージを送信したい相手とのチャット画面で🎙をクリックします。

クリックする

2 録音がはじまるので、マイクに向かって話します。

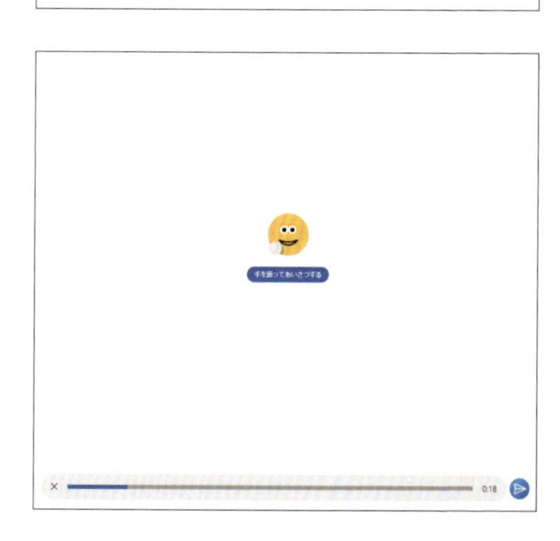

3 話し終わったら、▷をクリックして、音声メッセージを送信します。

4 送信された音声メッセージは、▷をクリックして再生します。

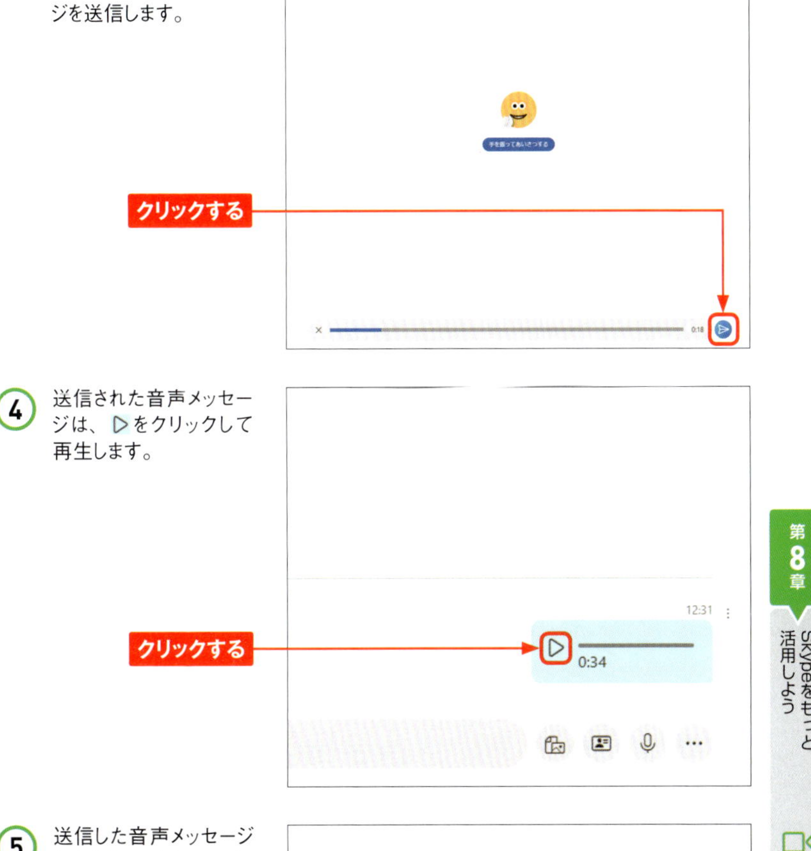

5 送信した音声メッセージを右クリックすると、メッセージの削除や保存、転送をすることができます。

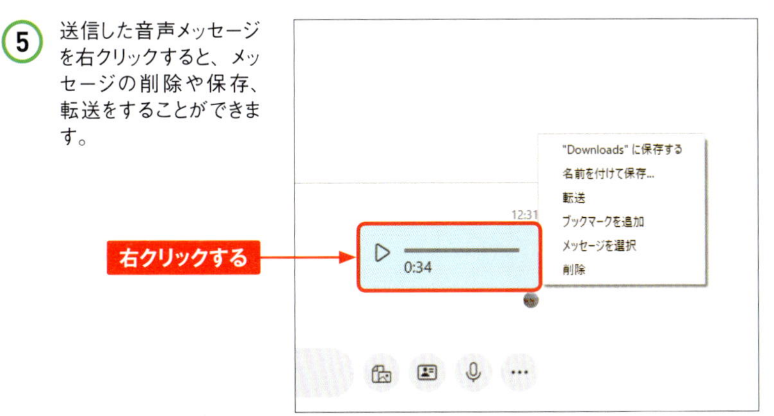

Section 68 通話の予定を設定しよう

相手と通話の予定を設定すると、リマインダー機能を利用することができます。設定された予定は、通話相手もしくは通話グループのチャット画面で共有されます。予定の編集や削除は、設定者のみ可能です。

通話の予定を設定する

1 通話の予定を設定したい相手とのチャット画面で…をクリックします。

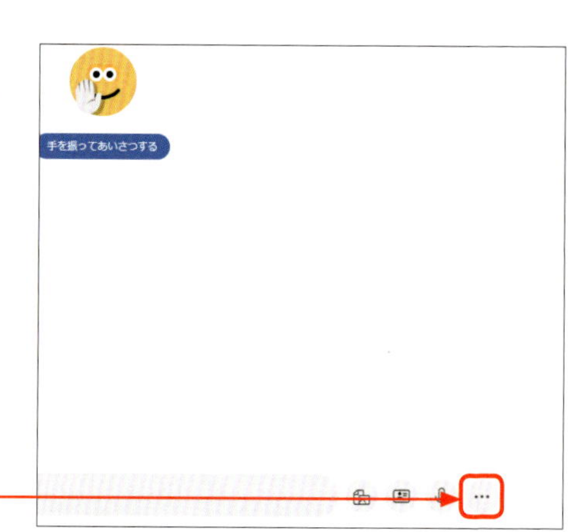

2 <通話の予定の設定>をクリックします。

3 タイトルや日時、アラームを入力し、<送信>をクリックすると、相手に通話の予定が共有されます。

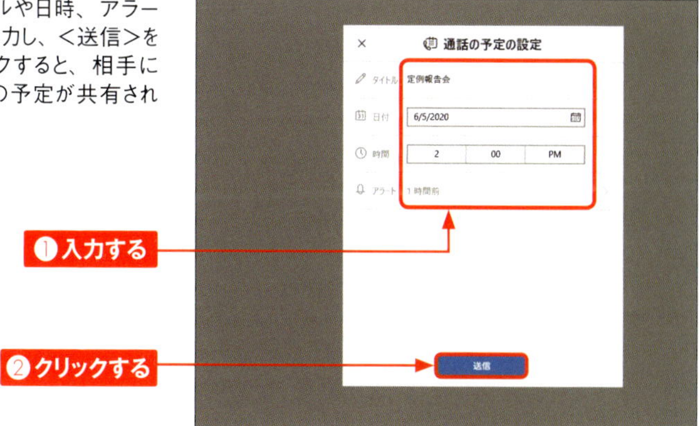

4 相手が承諾すると「承諾」と表示され、設定が完了します。

Memo 通話の予定を変更する

相手に「通話の予定」を共有したあとでも、予定は変更可能です。→<編集>の順にクリックすると、日時の変更やメンバーの追加と削除をはじめ、「通話の予定」を削除することもできます。

Section 69

通話やチャット中にメンバーを管理しよう

グループ通話やチャット中に新たにメンバーを追加することができます。また、作成したグループからメンバーを削除することも可能です。ここでは、メンバーの追加や削除の手順について解説します。

通話中にメンバーを追加する

1. 通話中に をクリックします。

クリックする

2. 追加したいメンバーをクリックして、＜追加＞をクリックします。

3. 発信中画面が表示されますが、通話は継続されています。相手が応答すると、メンバーに追加されます。

グループのメンバーを削除する

① グループや複数で行っているチャット画面を表示します。

② グループ名（ここでは<企画部>）をクリックします。

クリックする

③ 削除する相手（ここでは<凜久次郎>）にマウスポインターを合わせ、<削除>をクリックすると、メンバーから削除されます。

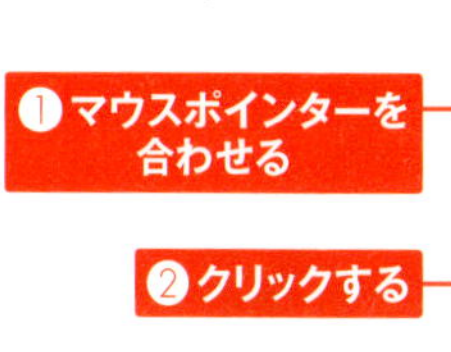

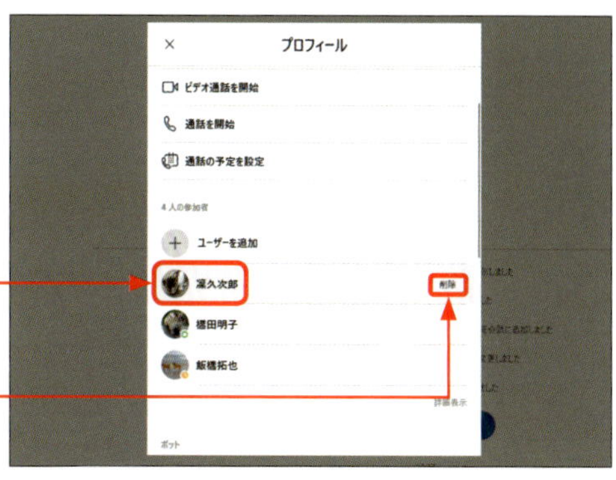

第8章 Skypeをもっと活用しよう

Section 70 通知設定を変更しよう

新しいメッセージを受信したときや通話の着信通知、Skype機能に関する通知など、さまざまな通知があります。ここでは、通知の画面表示やサウンド設定の変更手順について、解説します。

通知設定を確認する

1 ホーム画面で ••• → <設定>の順にクリックします。

2 <通知>をクリックすると、通知設定の画面が表示されます。

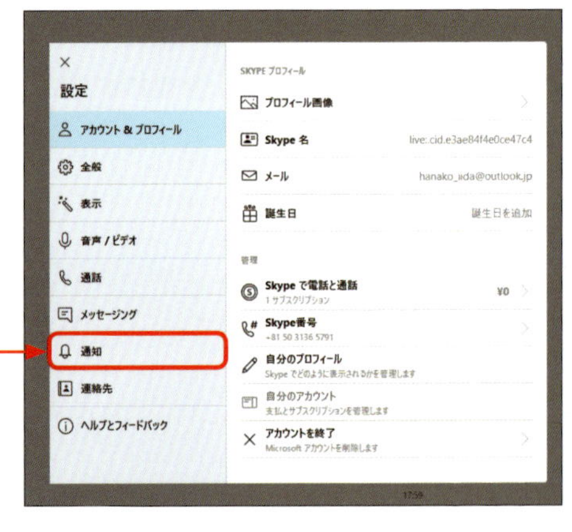

応答不可でも新着通知を受け取る

1 ＜チャットの通知を表示します＞と＜着信通知を表示＞をクリックして ●にすると、応答不可であってもリアルタイムで通知されます。

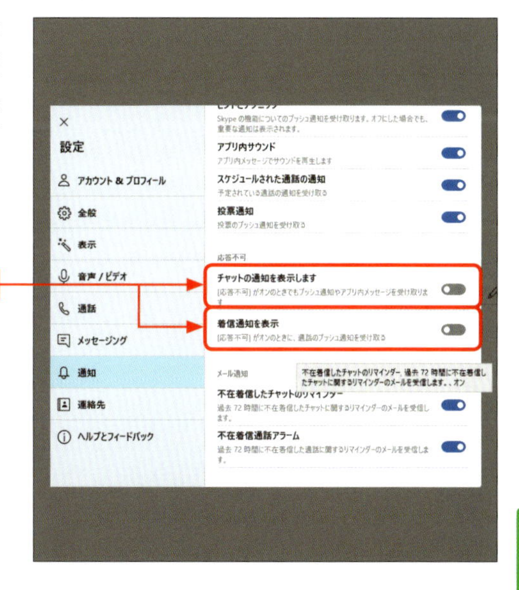

メッセージを受信したときのサウンドをオフにする

1 ＜通知音＞をクリックして ●にすると、オフになります。

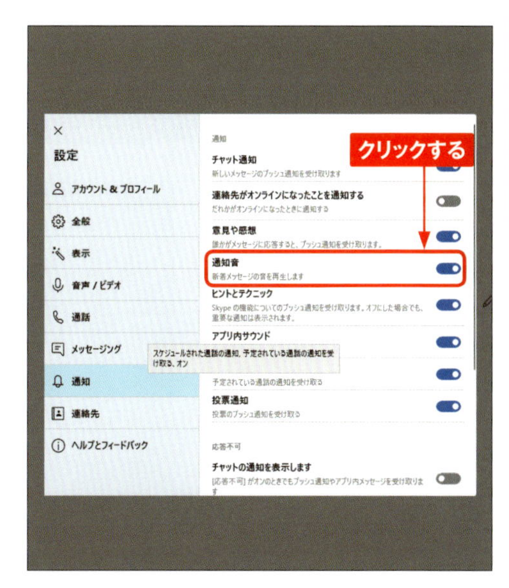

Section 71

投票機能を利用しよう

投票機能を利用することで、アンケートや日程調整を行うことが可能です。投票カードが設置されると、回答した人数や内訳の詳細など、最終投票結果までの経緯もメンバーで共有できます。

投票カードを設置する

1 投票カードを設置したいチャット画面で･･･をクリックします。

クリックする

2 <投票を作成>をクリックします。

3 質問や有効期限、オプションを入力し、<投票を作成>をクリックすると、投票カードが設置されます。

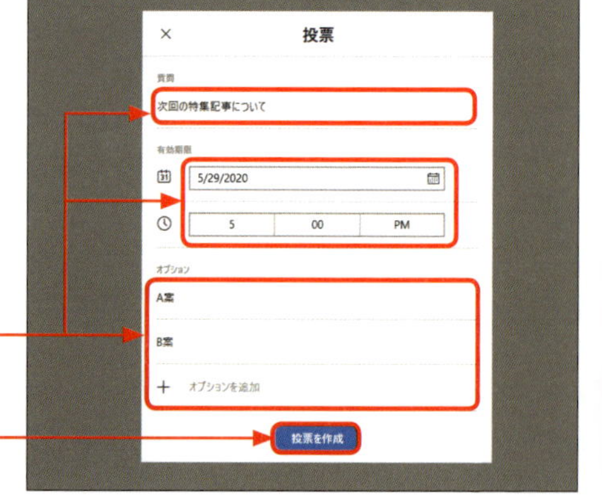

④ 投票者は＜詳細を表示＞をクリックして、投票カードの内容を確認します。クリックすると、投票されます。

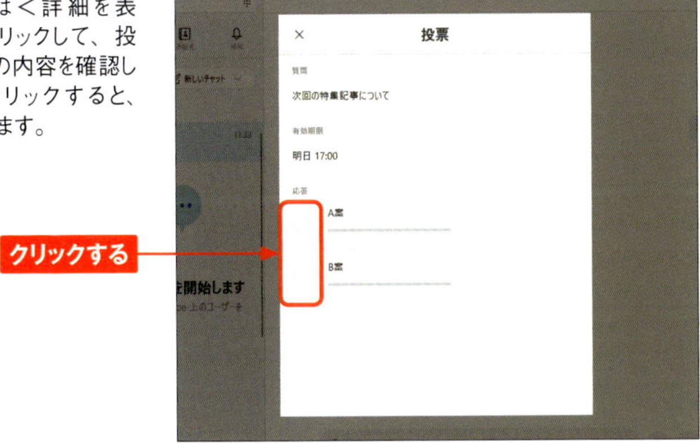

⑤ 投票されると、リアルタイムに票数が更新されて共有されます。

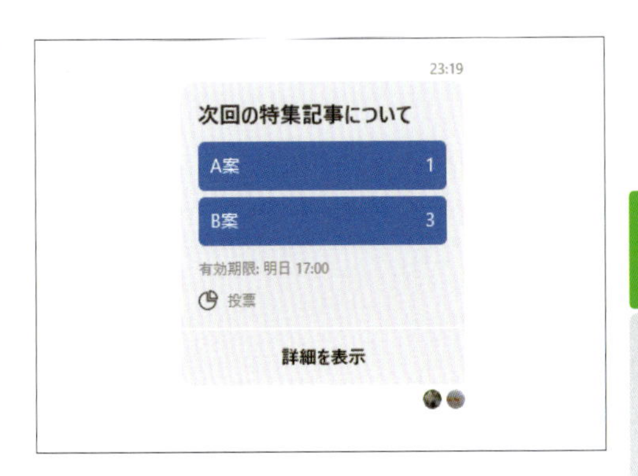

⑥ 投票が締め切られると、結果が表示されます。

Section 72

顔文字（エモーティコン）を利用しよう

Skypeでは、メッセージに気分を伝える「エモーティコン」と呼ばれる顔文字アイコンを表示することができます。ここでは、エモーティコンを追加する方法とエモーティコンの種類について解説します。

メッセージにエモーティコンを入力する

1 メッセージ作成中に☺をクリックします。

クリックする

明日のランニングは参加する？

2 送信したいエモーティコンをクリックします。メッセージに追加されたら、▶をクリックします。

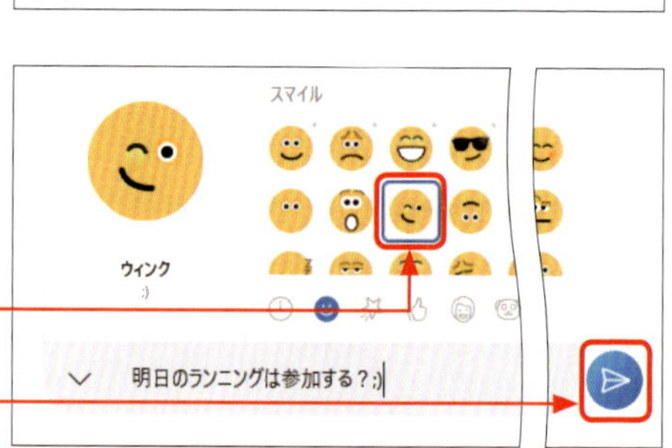

3 エモーティコン付きのメッセージが送信されます。

20:54

明日のランニングは参加する？

エモーティコンの種類

エモーティコンは、さまざまな種類があります。「スマイリー（顔）」「人とオブジェクト」「国旗」などに分類されており、Skypeの公式サイトで確認できます。また、各エモーティコンには、テキストの「短いコード」が決められており、会話ボックスに入力すると、自動的にエモーティコンに変換されます。

画像	名前	短いコード
	ネタバレ注意	(shock)
	寒さで身震い	(shivering) (cold) (freezing)
	聞いてるよ	(listening)
	二日酔い	(morningafter) (hungover)
	ヘッドホンで聴く	(headphones)
	笑顔を見せる	:) :=) :-)
	悲しい	:(:=(:-(
	笑い	:D :=D :-D :d :=d :-d
	やったね	8=) 8-) B=) B-) (cool)
	ウィンク	;) ;-) ;=)
	びっくり	:o :=o :-o :O :=O :-O
	ウェーン	;(;-(;=(
	汗々	(sweat) (:¦
	これ誰？	(whosthis)
	もはや見なかったことにできない	(unsee)
	テレビ見過ぎでゾンビに	(tvbinge)

Memo **Mojiとは**

Mojiは、メッセージ送付のときに、気持ちなどを伝える短いビデオクリップです。テレビや映画から切り取られたワンシーン、オリジナルアニメなどがあり、エモーティコンと同様の方法で呼び出して友達に送信できます。

Section 73 相手に近況を知らせよう

自分のプロフィールに、近況や予定を表示することができます。さまざまな種類があるエモーティコンから最適なエモーティコンを選び、近況や予定といっしょに設定してみましょう。

近況を表示する

1 ホーム画面で<プロフィール画像>をクリックします。

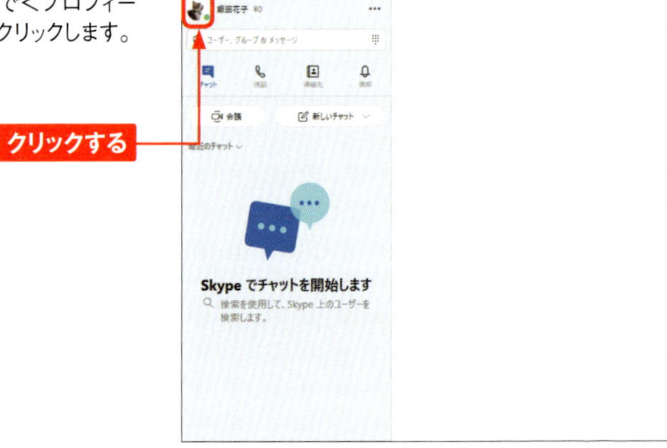

2 をクリックします。

3 入力ボックスに近況を入力します。☺⁺をクリックすると、エモーティコンを設定できます。

4 入力したら、<完了>をクリックします。

5 相手に近況が表示されます。

Section 74 ビデオ通話の背景をカスタマイズしよう

ビデオ通話中、自分のカメラ映像の背景を変更することができます。人工知能が自分の像を識別することで、背景部分をカスタマイズできるバーチャル背景機能を利用し、ぼかしや画像を設定してみましょう。

ビデオ通話の背景をぼかす

1 ビデオ通話中に□◁にマウスポインターを合わせて、<背景効果を選択する>をクリックします。

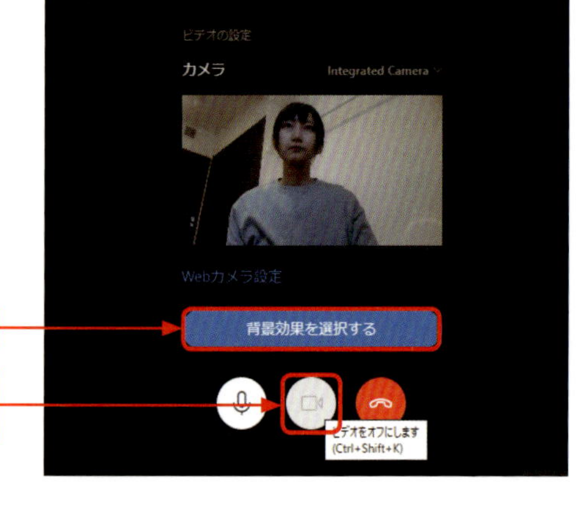

2 <Blur>をクリックすると、背景がぼかされます。

ビデオ通話の背景に画像を設定する

1 P.156手順②の画面で、＋をクリックすると、画像選択画面が表示されます。画像（ここでは<動物②>）→<開く>の順にクリックします。

2 背景に画像が設定されます。

3 <None>をクリックすると、背景の設定が解除されます。

第8章 Skypeをもっと活用しよう

Section 75

画面の配色を変更しよう

コントラストを変更することで、画面を見やすくしたり、操作環境を向上させることができます。配色は、「ハイコントラスト ライト」と「ハイコントラスト ダーク」から選択します。

コントラストを変更する

① ホーム画面で ••• →＜設定＞→＜表示＞の順にクリックします。コントラスト（ここでは＜ハイ コントラスト ライト＞）をクリックします。

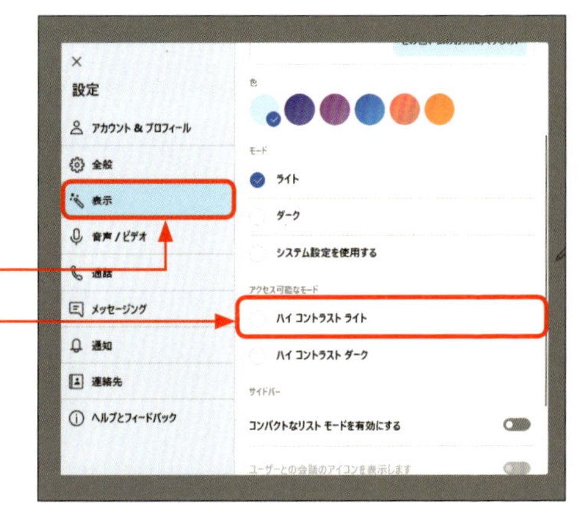

①クリックする

②クリックする

② コントラストが変更されます。

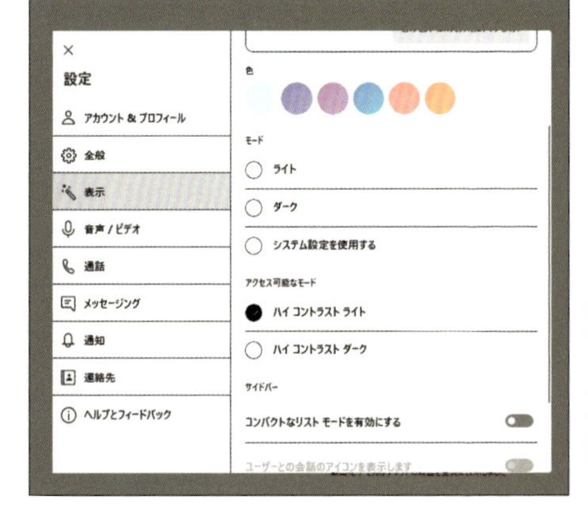

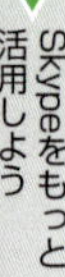

画面のテーマを変更しよう

画面のテーマを変更することで、画面を見やすくしたり、操作環境を向上させることができます。テーマは、「白地に黒文字」と「黒地に白文字」から選択します。また、フォントの背景色も変更できます。

テーマを変更する

① ホーム画面で･･･→<設定>→<表示>の順にクリックします。モード（ここでは<ダーク>）をクリックします。

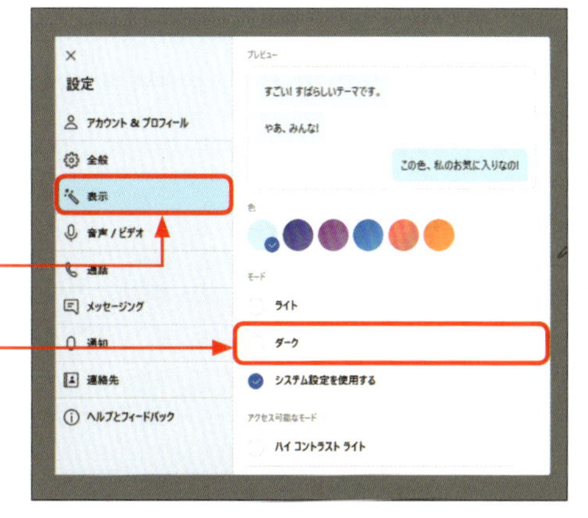

①クリックする

②クリックする

② テーマが変更されます。

Section 77 翻訳機能を利用しよう

Skype翻訳は、通話の音声やチャットのメッセージを、自動的にリアルタイムで翻訳してくれる機能です。音声翻訳は10言語、テキスト翻訳は60以上の言語に対応しています。日本語は、テキスト翻訳のみ対応しています。

翻訳機能を設定する

1 ＜連絡先＞をクリックして、翻訳機能を設定したい相手（ここでは＜飯橋拓也＞）を右クリックし、＜プロフィールを表示＞をクリックします。

2 ＜翻訳の依頼を送信＞をクリックして、翻訳のリクエストを相手に送信します。＜翻訳の設定＞をクリックすると、言語の変更ができます。

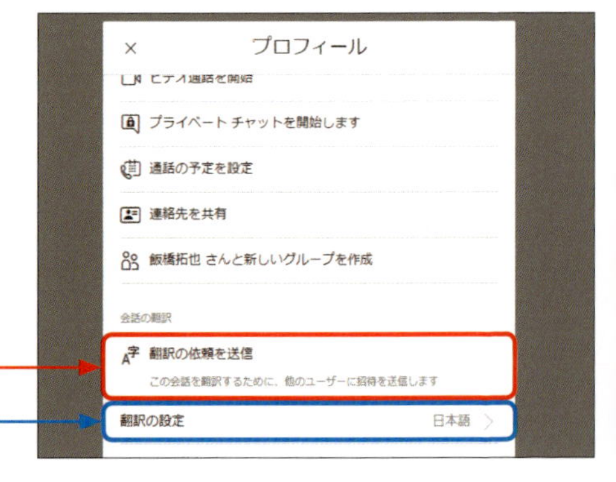

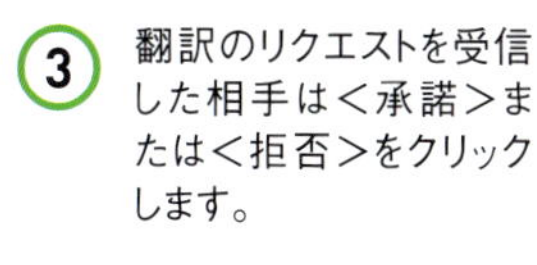

3 翻訳のリクエストを受信した相手は<承諾>または<拒否>をクリックします。

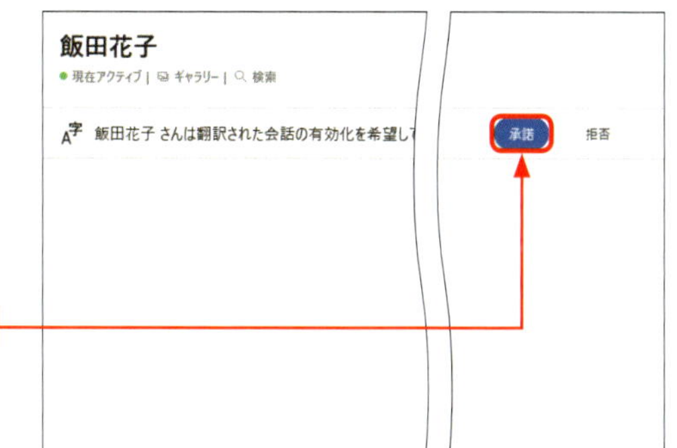

4 承諾されると、翻訳機能が設定されます。翻訳を確認したい場合は<翻訳を表示>をクリックします。

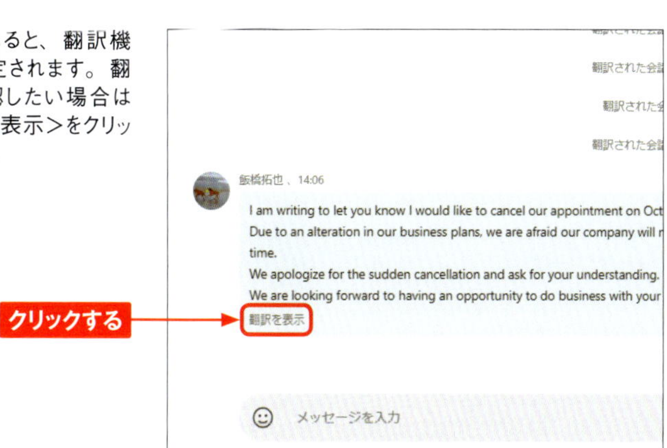

5 翻訳が表示されます。原文を確認したい場合は<原文を表示>をクリックします。

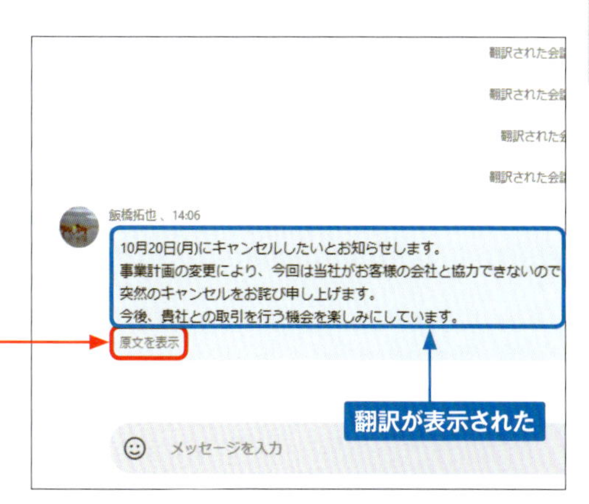

Section 78

Skype online を利用しよう

Skype onlineでは、パソコンやスマートフォンにアプリをインストールしていない場合でも利用可能です。サインインすることで、手軽に通話やチャットに参加することができます。

サインインする

① Webブラウザーで「https://www.skype.com/ja/features/skype-web/」にアクセスして、<チャットを開始する>をクリックします。

② Microsoftアカウントを入力して、<次へ>をクリックします。

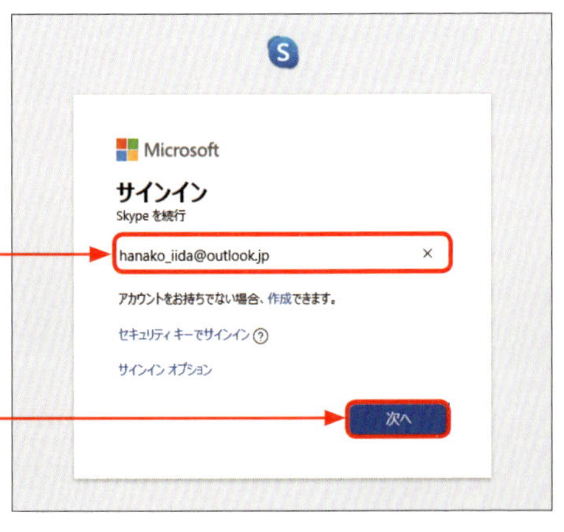

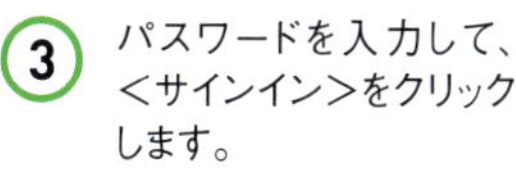

3 パスワードを入力して、<サインイン>をクリックします。

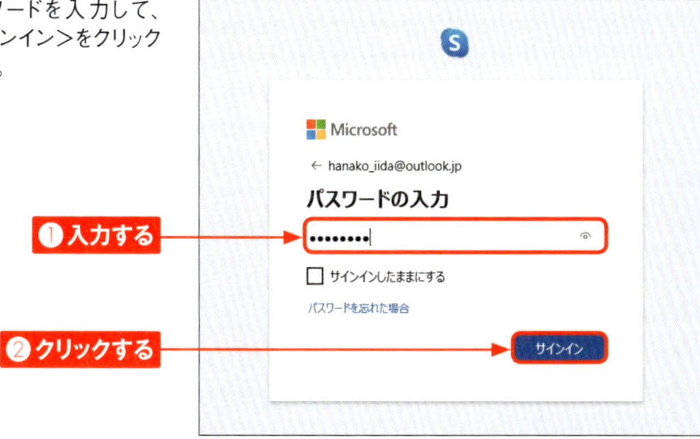

4 サインインすると、Skype onlineのホーム画面が表示されます。

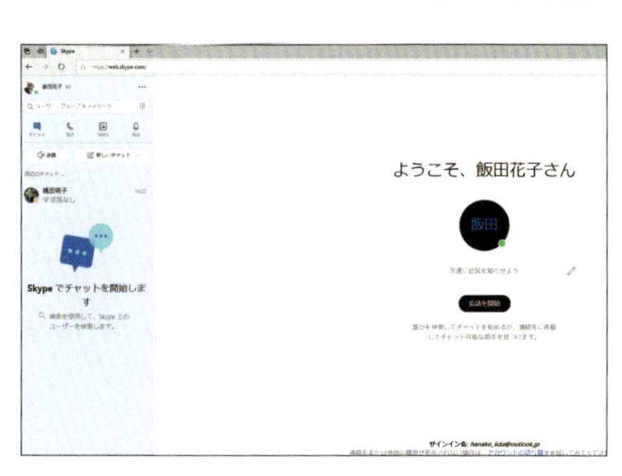

サインアウトする

1 ホーム画面で••• →<サインアウト>の順にクリックすると、サインアウトします。

通話の発信やメッセージを送信する

1 ＜連絡先＞→相手（ここでは＜橋田明子＞）の順にクリックします。

2 入力ボックスにメッセージやエモーティコンを入力したら、をクリックして送信します。

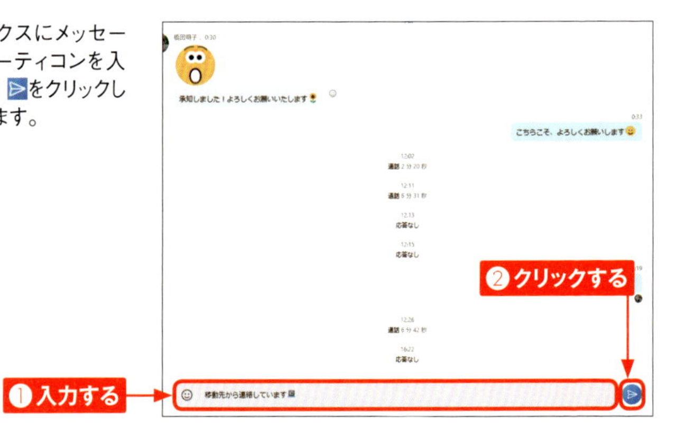

3 をクリックすると、音声通話が発信されます。をクリックすると、ビデオ通話が発信されます。

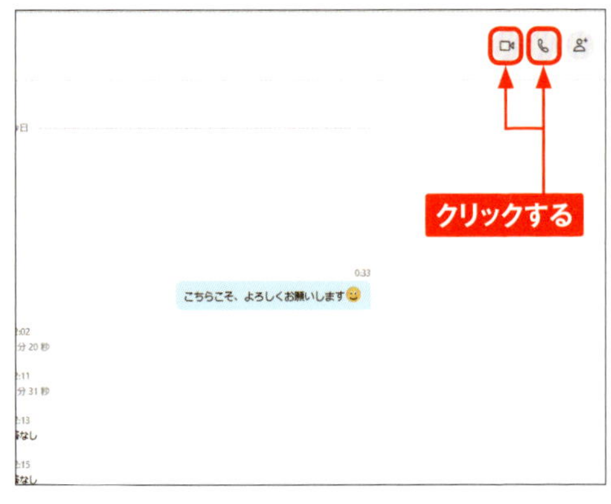

ログイン状態を変更する

1 <プロフィール画像>をクリックします。

2 <アクティブ>をクリックします。

3 変更したいログイン状態（ここでは<応答不可>）をクリックします。

Section 79 Skype onlineで会議を利用しよう

Skype onlineでは、Skypeのアプリとおなじく、会議をかんたんな操作で利用可能です。相手がMicrosoftアカウントを作成していると、スムーズに会議を開始することができます。

会議に招待する

1 <会議>をクリックします。

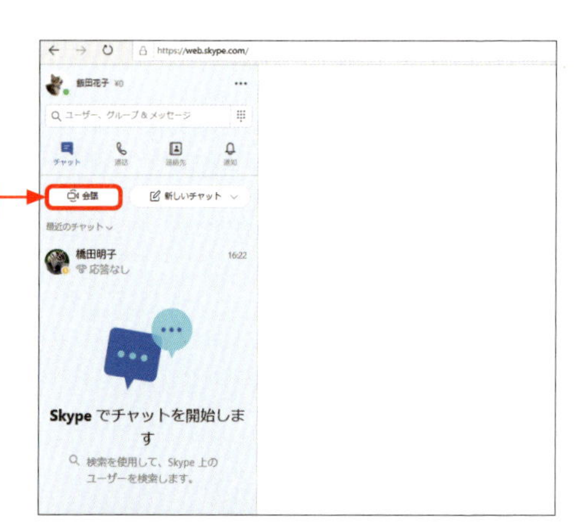

2 会議名を入力し、リンク共有方法（ここでは<メール>）をクリックして、相手を招待します。

③ ＜チャット＞または＜通話を開始＞をクリックすると、会議に参加します。

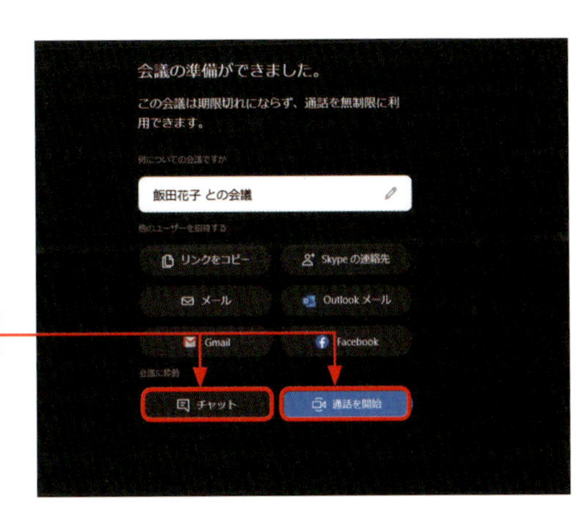

会議に参加する

① 共有されたリンクをクリックして、Microsoftアカウントでサインインします。

お疲れ様です。
明日の会議のリンクをお送りいたします。

https://join.skype.com/YcUK2sBd3GyP

よろしくお願いいたします。

iPhoneから送信

クリックする

② ＜チャット＞または＜通話を開始＞をクリックすると、会議に参加します。

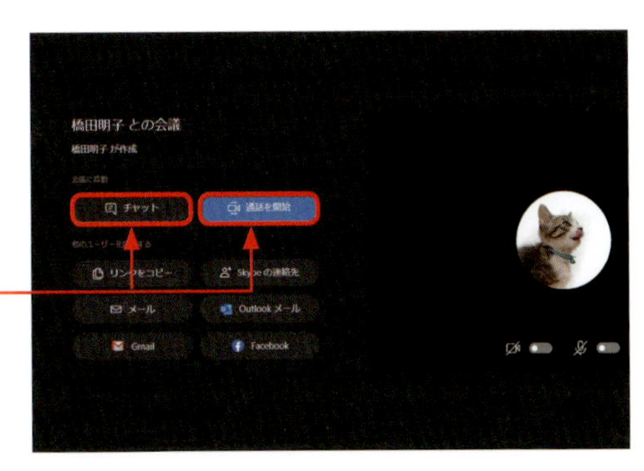

Memo 画面に隠れキャラクターを表示させる

Skype for WindowsとSkype for Macでは、隠れキャラクターをチャット画面に表示させることができます。画面の中で動いたり、踊ったりするキャラクターを眺めながら、リラックスして作業が可能になります。また、ドラッグして、キャラクターを移動させることもできます。

1. チャット画面の空白部分を7回以上連続でクリックします。

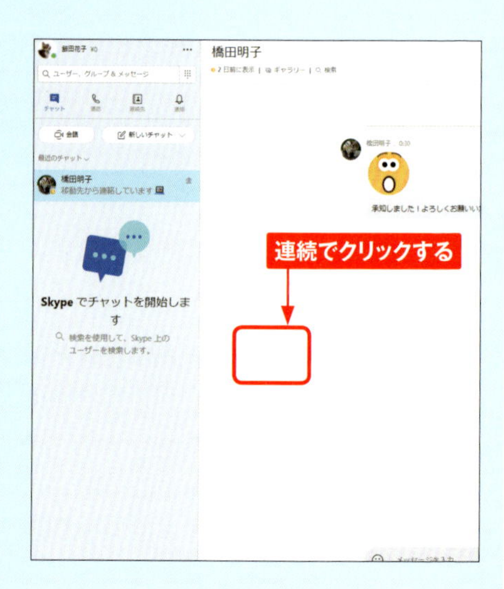

2. キャラクターが表示されます。キャラクターをダブルクリックすると、表示されなくなります。

Skypeのトラブル対策

連絡先を整理したい

連絡先に追加している相手が多く、連絡したい相手が見つけにくい場合や、頻繁に連絡をする相手を見つけにくい場合には、相手の連絡先を「お気に入り」に追加して、整理しましょう。

「お気に入り」に追加する

1 ＜連絡先＞をクリックします。

2 「お気に入り」に追加したい相手（ここでは＜田中青子＞）を右クリックします。

3 ＜お気に入りに追加＞をクリックすると、追加されます。

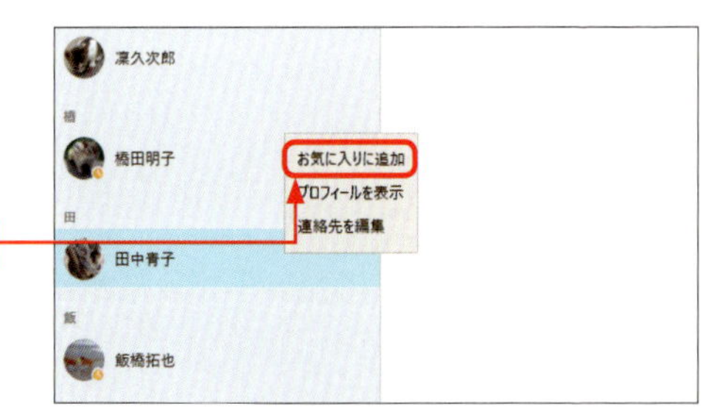

「お気に入り」から削除する

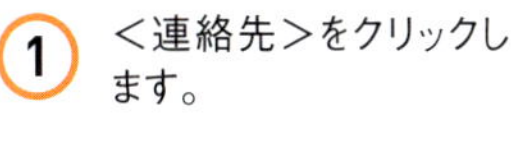

1 ＜連絡先＞をクリックします。

2 「お気に入り」一覧から削除したい相手（ここでは＜飯橋拓也＞）を右クリックします。

3 ＜お気に入りから削除＞をクリックすると、削除されます。

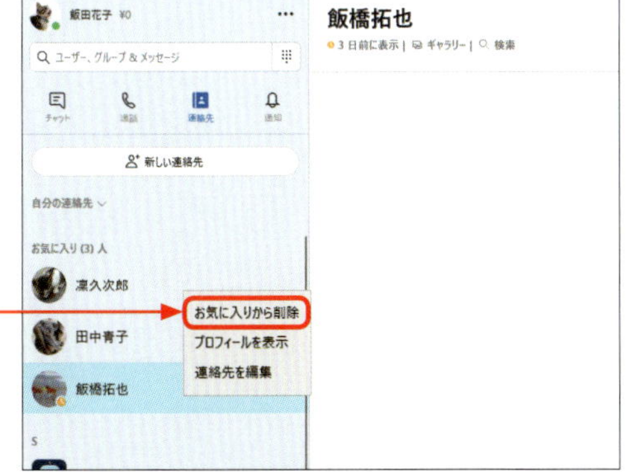

Section 81
連絡先から相手を削除したい

連絡先に追加している相手と疎遠になった場合や相手の旧アカウントが連絡先に追加されている場合には、相手の連絡先を削除して、整理しましょう。削除後に、復元することも可能です。

削除する

1 ＜連絡先＞をクリックします。

2 削除したい相手（ここでは＜凜久次郎＞）を右クリックします。

第9章 Skypeのトラブル対策

3 ＜連絡先を編集＞をクリックします。

4 ＜連絡先リストから削除＞→＜削除＞の順にクリックすると、削除されます。

Memo 自分の連絡先が削除されたら

自分の名前が相手の連絡先リストから削除されても、自分の連絡先リストには、相手の名前が引き続き表示されます。その相手に連絡を取ろうとすると、自動的にコンタクト要求が送付されます。

Section 82

連絡先から相手をブロックしたい

不要な連絡先追加のリクエストを送信してくる相手や迷惑なメッセージを送信してくる相手がいる場合は、ブロック機能を利用します。通話やメッセージのやり取りができないだけでなく、こちらのログイン状態が相手からは見えなくなります。

相手をブロックする

1 ＜連絡先＞をクリックします。

2 ブロックしたい相手（ここでは＜企画部春子＞）を右クリックします。

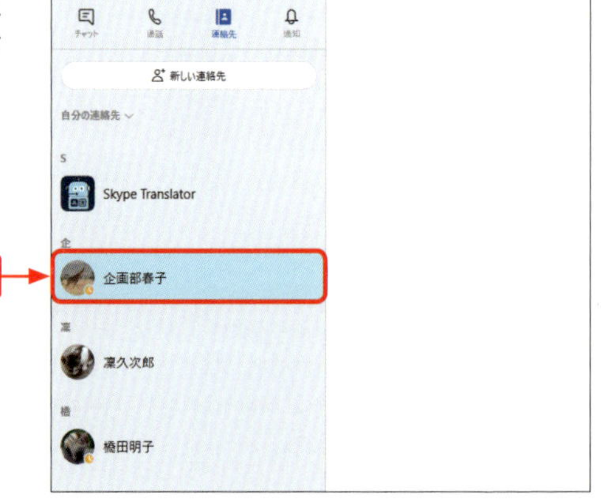

3 ＜連絡先を編集＞をクリックします。

4 ＜連絡先をブロック＞→＜ブロック＞の順にクリックすると、相手がブロックされます。

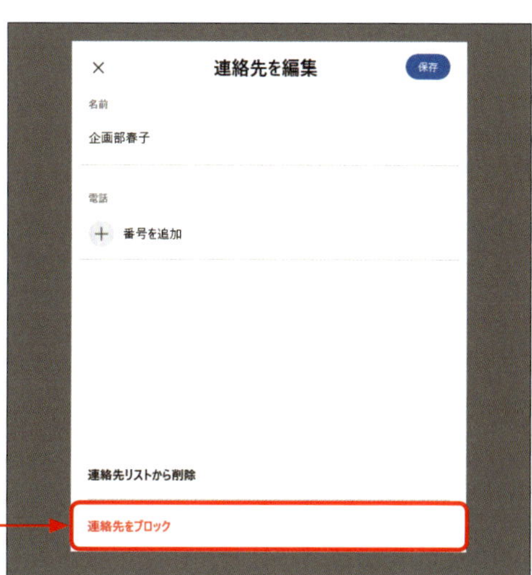

Memo ブロックした相手を解除する

ホーム画面で … →＜設定＞→＜連絡先＞→＜ブロックした連絡先＞の順にクリックします。ブロックした相手が表示されるので、＜ブロック解除＞をクリックすると、連絡先に再び表示されます。

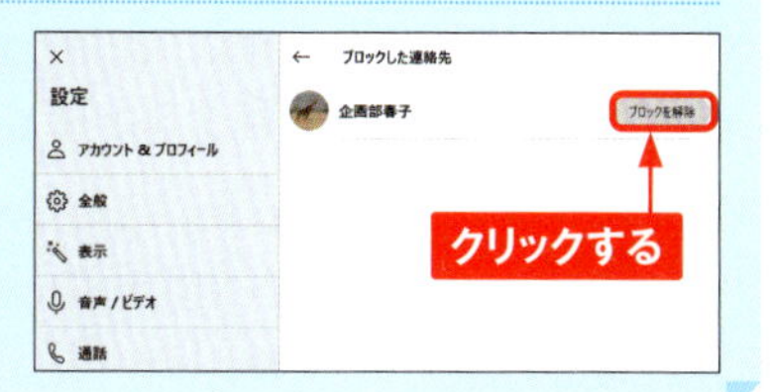

Section 83

音が聞こえない

通話の際に相手の声が聞き取りにくい、または音量が大きすぎる、あるいは自分の声が相手に届きにくいといった場合があります。このようなときは、マイクのボリュームとスピーカーのテストをしたり、ネットワークの設定を確認したりしましょう。

スピーカーの音声テストをする

1 ホーム画面で ••• →＜設定＞→＜音声／ビデオ＞の順にクリックします。

2 ＜音声テスト＞をクリックすると、着信音が鳴るので ● をドラッグして、調整します。

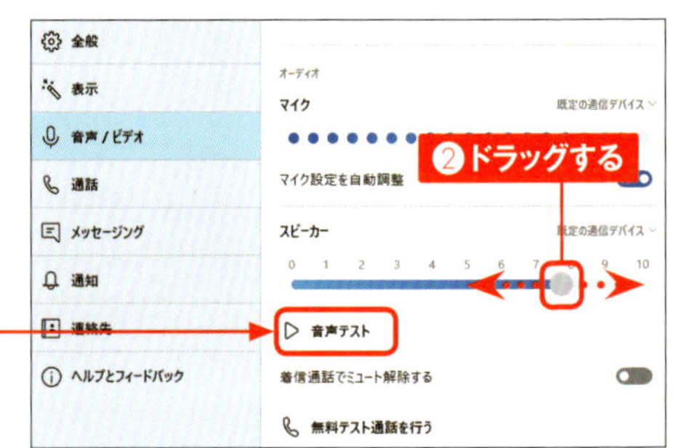

Memo マイクの音声テストをする

P.176手順②の画面で、マイクのゲージが声や音に反応して、動くか確認します。＜既定の通信デバイス＞をクリックすると、接続するマイク機器の選択ができます。

ネットワークの設定を確認する

① Windows 10の設定画面で<ネットワークとインターネット>をクリックします。

② 「インターネットに接続されています」と表示されていれば正常です。表示されない場合は<利用できるネットワークの表示>をクリックします。

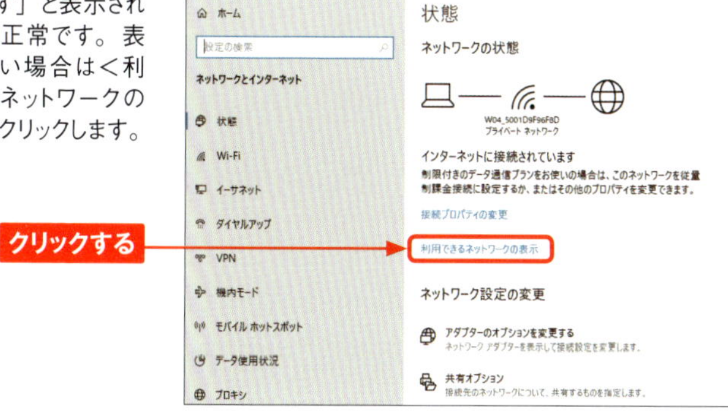

③ 別の接続先をクリックして接続し、手順②の画面で確認します。

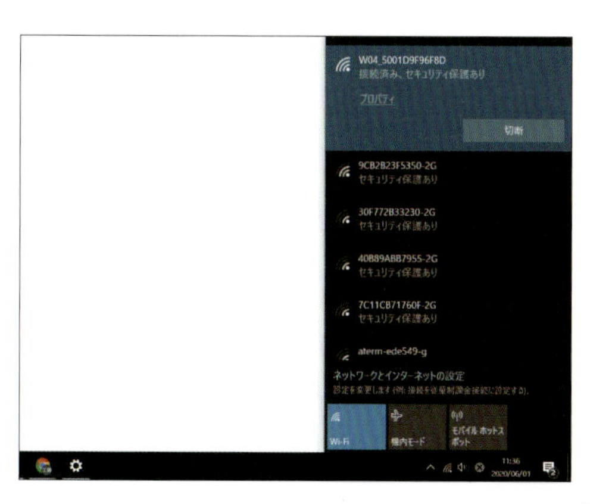

Section 84

ビデオが表示されない

ビデオ通話のときに映像が表示されない場合があります。Webカメラのテストをしたり、プライバシーの設定で、Webカメラがアクセス許可されているか確認したりしましょう。

Webカメラの映像テストをする

1 ホーム画面で ••• →＜設定＞→＜音声／ビデオ＞の順にクリックします。

2 映像が表示されることを確認します。表示されない場合は、「カメラ」のWebカメラ名をクリックし、正しいWebカメラが選択されているか確認します。外付けWebカメラの場合は、ケーブルが正しく接続されているかも確認します。

プライバシーの設定を確認する

① Windows 10の設定画面で<プライバシー>をクリックします。

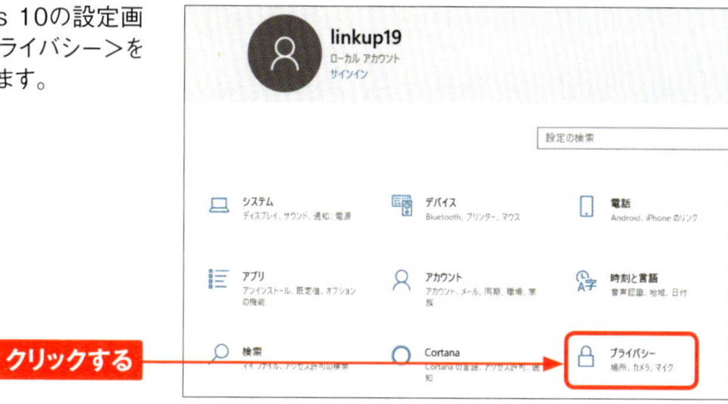

② <カメラ>をクリックして、「アプリがカメラにアクセスできるようにする」がオンになっているか確認します。

③ Skype for Windowsの場合は、「デスクトップアプリがカメラにアクセスできるようにする」がオンになっているか確認します。

知らない人からの着信を拒否したい

連絡先に追加していない相手からの着信を通知せず、相手にも不在着信として表示されるように設定しましょう。また、Skype番号を取得している場合には、不要かつ迷惑な着信を拒否することができます。

連絡先以外からの着信を不在着信にする

1 ホーム画面で ••• →＜設定＞→＜通話＞の順にクリックします。

2 ＜このデバイス上でのみ連絡先からのSkype通話に呼び出しを許可します＞をクリックして にすると、設定されます。

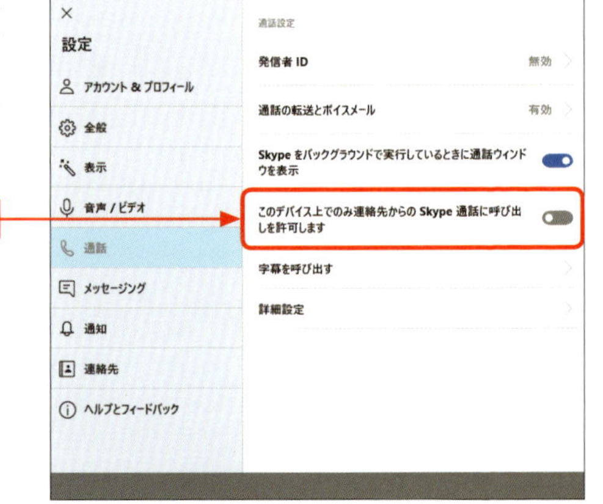

第9章 Skypeのトラブル対策

Skype番号への不要な着信を拒否する

1 ホーム画面で•••→<設定>→<自分のアカウント>の順にクリックします。

2 <Skype番号>をクリックします。

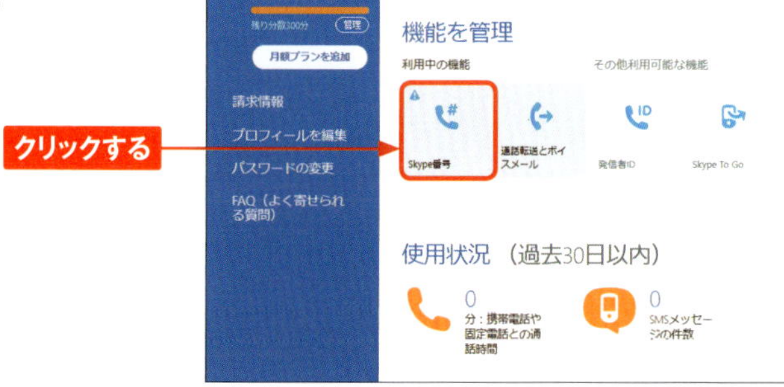

3 「Skypeによる望ましくない通話～」のチェックボックスをクリックしてチェックを付けると、設定されます。

Section 86

相手の電話への着信が非通知で表示される

海外の電話に発信する際、相手には自分のSkype番号が非通知で表示されるため、着信に応答してくれないことがあります。発信者IDを設定することで、相手に電話番号が表示されるようになります。

発信者IDを設定する

1 ホーム画面で ••• →＜設定＞→＜自分のアカウント＞の順にクリックします。

2 ＜発信者ID＞をクリックします。

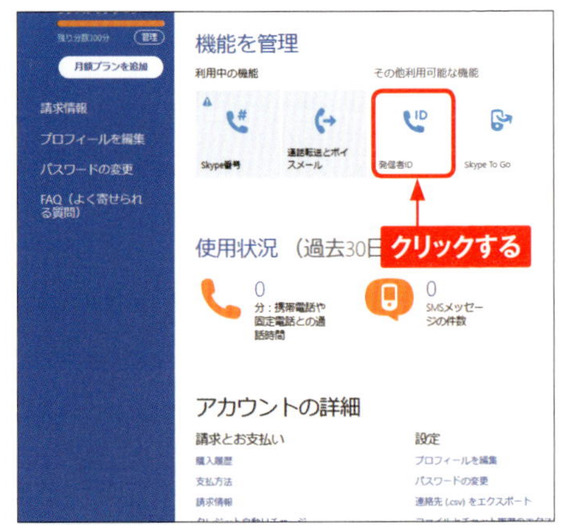

3 発信相手の国（ここでは<オランダ>）をクリックします。

4 Skypeに登録している自分の携帯電話番号またはSkype番号を入力して、<保存>をクリックします。

①入力する

②クリックする

5 受信したSMSコードを入力して、<続行>をクリックすると、設定されます。

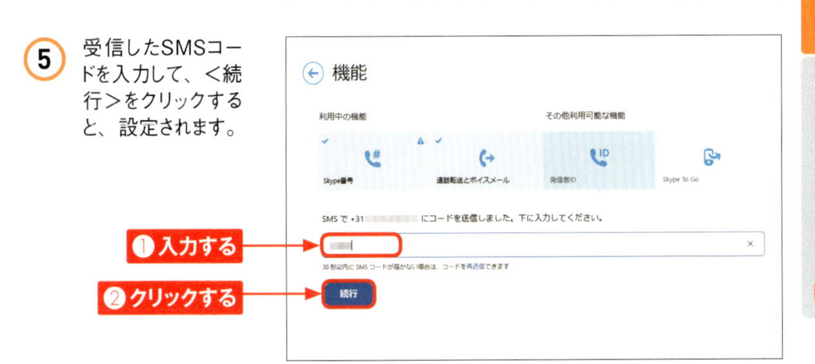

Memo 日本の電話には通知できない

発信者IDによる電話番号の設定は、海外のみで有効です。日本国内の電話に通知することはできないので、注意しましょう。

Section 87

Microsoft アカウントを安全に使いたい

Skypeで利用するMicrosoftアカウントは、ユーザーの識別に用いられるため、プロフィールで誰でも確認できるほか、検索で知り合いを探すときにも表示されます。ここでは、Microsoftアカウントを安全に利用するための注意を解説します。

Skype専用で使うアドレスを作成する

Skype用に作成したMicrosoftアカウントは、通常のメールアカウント（アドレス）として、Microsoftのメールサービスやメールアプリで使うこともできます。ただし、Skypeユーザー検索やプロフィールでSkype名として一般に公開されてしまうため、知人以外からの不正なメールやスパムメールが送信されることがあります。そこで、通常使うメールアドレスとは別に、Skype専用のMicrosoftアカウントを使うようにすると安全です。

個人を特定できる文字を避ける

Skype用のMicrosoftアカウントを作成するときには、本名や誕生日など個人情報を特定できる文字はできるだけ使わないことをおすすめします。いったん登録したMicrosoftアカウントは変更できないので、個人を特定しやすいアカウントを登録してしまった人は、安全な文字でアカウントを作成しなおしましょう。

● Skype名の命名ルール

Skype名は、Microsoftアカウント作成時に自動作成されます。Skype名の命名ルールは以下のとおりです（電話番号で作成した場合は、完全にランダムな名前になります）。

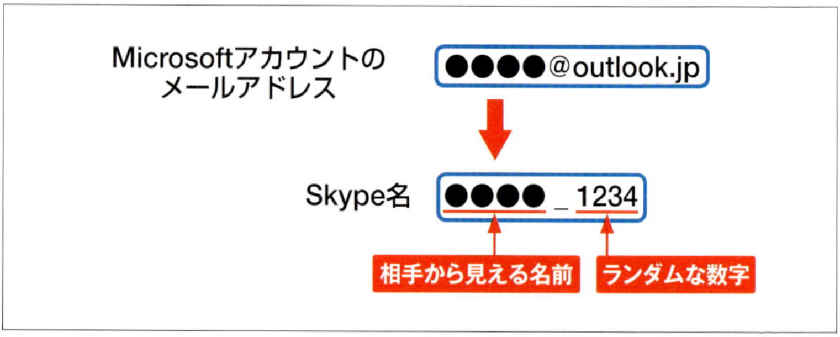

Microsoftアカウントのメールアドレス　●●●●@outlook.jp

↓

Skype名　●●●●_1234

相手から見える名前（●●●●）　ランダムな数字（1234）

主要メールアドレスを変更する

1 ホーム画面で･･･→<設定>→<自分のアカウント>の順にクリックします。

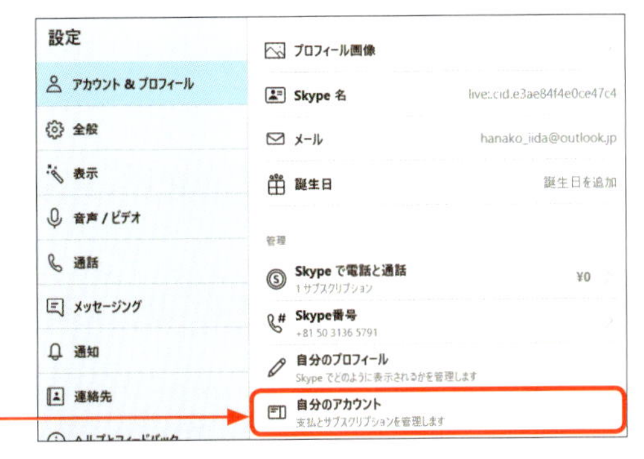

2 <プロフィールを編集>をクリックします。

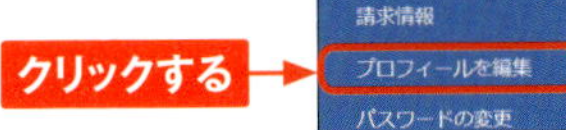

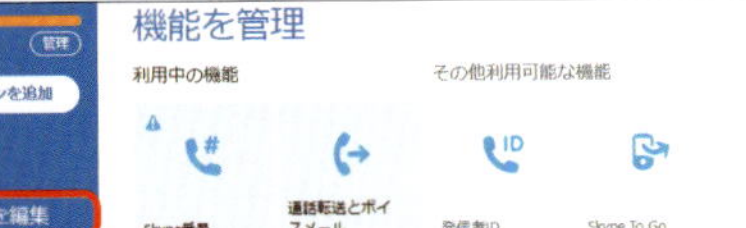

3 <メールを追加>をクリックして、メールアドレスを入力します。<主要メールに設定>→<保存>の順にクリックすると、設定されます。

Memo 主要メールアドレスを変更する理由

主要メールアドレスは、Skypeからの通知を受け取るために必要です。Skype専用のアカウントを作成しても、主要メールアドレスとして登録したメールアドレス宛てに、Skypeから通知が送られます。

Section 88

パスワードを忘れてしまった

Skypeにサインインするときのパスワードを忘れてしまったときは、Skype公式サイトからパスワードの再設定を行うことができます。また、アカウントの不正ログイン防止のため、他人から推測されにくい複雑なパスワードに設定することをおすすめします。

パスワードを再設定する

1 Webブラウザーで「https://login.live.com/」にアクセスします。Microsoftアカウント情報を入力して、<次へ>をクリックします。

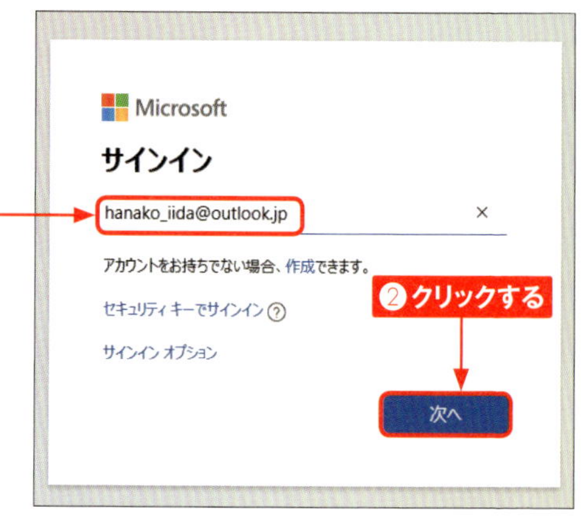

2 <パスワードを忘れた場合>をクリックします。

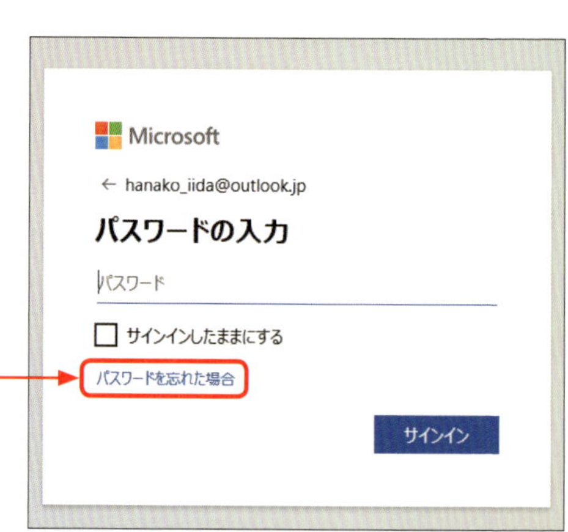

3 登録している電話番号の最後の4桁を入力して、<コードの取得>をクリックします。

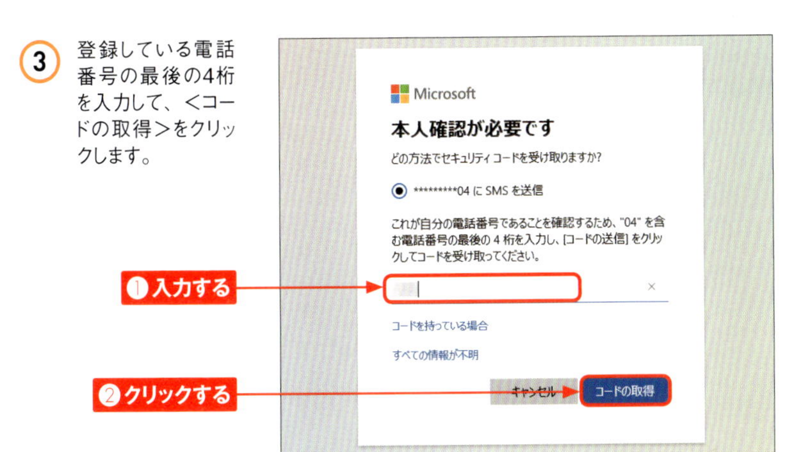

4 受信したSMSコードを入力して、<次へ>をクリックします。

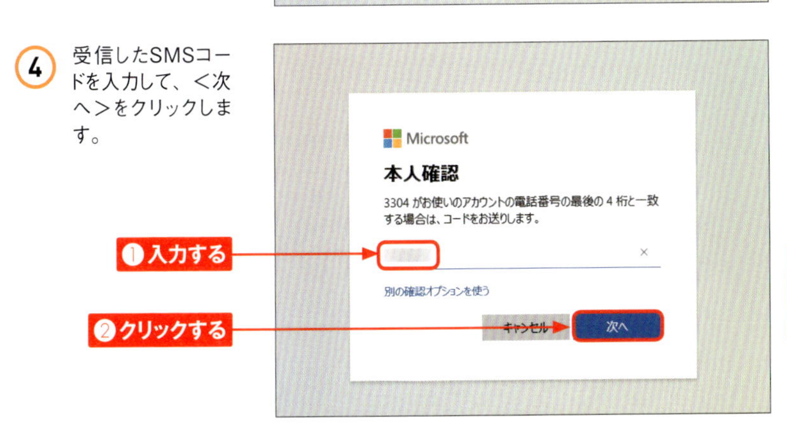

5 新しいパスワードを入力して、<次へ>をクリックすると、パスワードが変更されます。

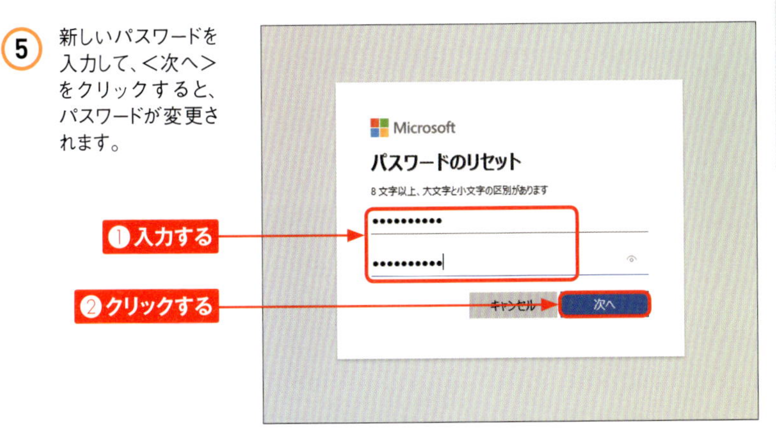

Microsoft アカウントを削除したい

利用していないMicrosoftアカウントがある場合やMicrosoftサービスを利用しない場合は、セキュリティを高めるためにもMicrosoftアカウントを削除しましょう。なお、削除しても、60日以内であれば復元することができます。

Microsoftアカウントを削除する

1 Webブラウザーで「https://login.live.com/」にアクセスします。Microsoftアカウント情報を入力して、<次へ>をクリックします。

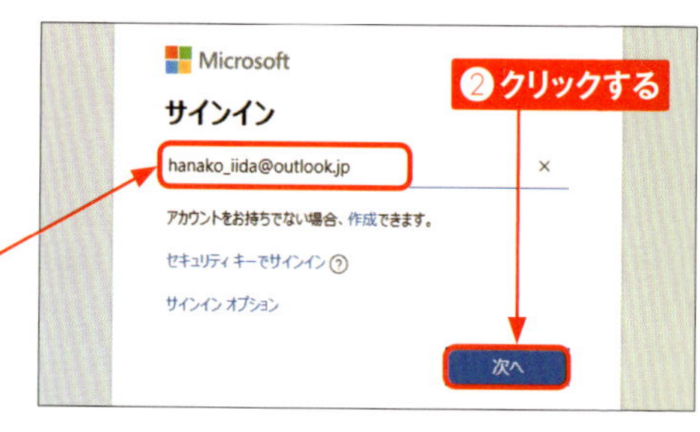

2 パスワードを入力して、<サインイン>をクリックします。

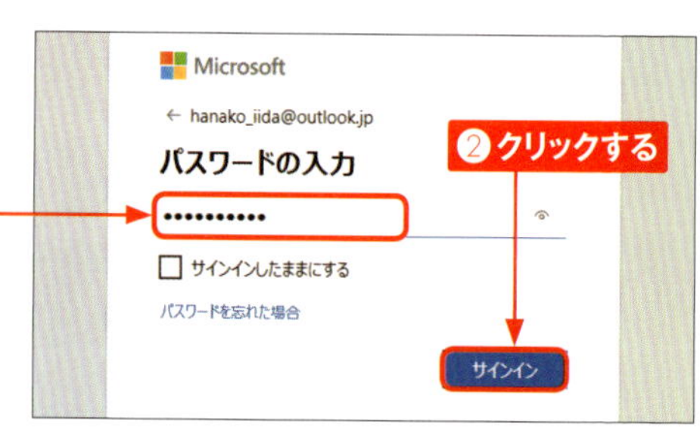

3 画面左上の<あなたの情報>をクリックします。

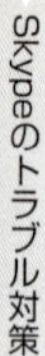

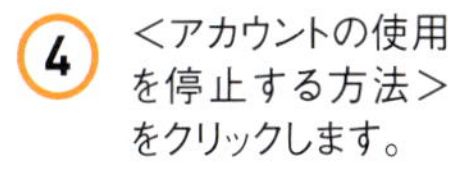

4 ＜アカウントの使用を停止する方法＞をクリックします。

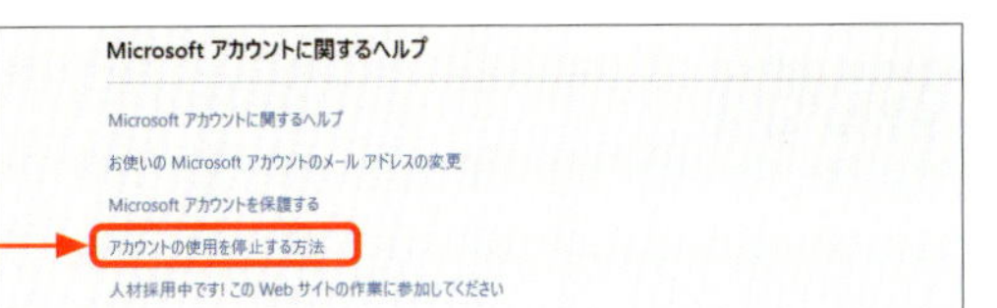

5 ＜アカウントの削除＞→＜次へ＞の順にクリックします。

アカウントの使用を停止するには

準備ができたら、次の操作を実行します。

1. 「アカウントの削除」に移動します。
2. アカウントへのサインインを求められたら、サインイン先のアカウントが削除しようとしているアカウントで
アカウントではない場合は、[別の Microsoft アカウントでサインインします] を選択します。使用を停止する
「Microsoft アカウントにサインインできない場合」を参照して問題を解決してください。
3. ページに正しい Microsoft アカウントが表示されていることを確認し、[次へ] を選択します。
4. 確認事項の一覧を読み、読み終えた事項のチェック ボックスをオンにします。
5. [理由を選択してください] のドロップダウン リストで、アカウントを削除する理由を選択します。
6. [アカウントの使用の停止] を選択します。

Skype アカウントに関する注意事項

Skype アカウントの使用を停止するには、事前に Microsoft アカウントに関連付ける必要があります。前の手順に従ってアカウン

クリックする

6 すべてのチェックボックスと削除理由をクリックして、＜アカウントを削除する＞をクリックすると、削除されます。

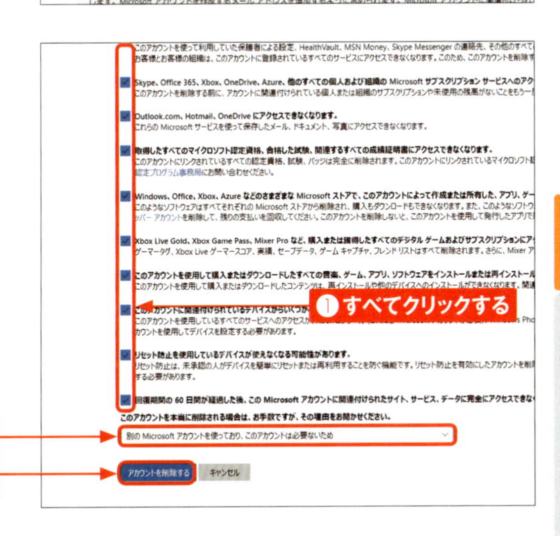

Memo Microsoftアカウントを復元する

P.188手順①～②を参照して、削除済みのMicrosoftアカウントでサインインします。＜アカウントの再開＞をクリックしたら、アカウントに関連付けられている電話番号の最後の4桁を入力し、＜コードの送信＞をクリックします。受信したセキュリティコードを入力して、＜次へ＞→＜完了＞の順にクリックすると、復元されます。

索引

アルファベット

あ行

か行

さ行

た行

な・は行

ま行

ら行

お問い合わせについて

本書に関するご質問については、本書に記載されている内容に関するもののみとさせていただきます。本書の内容と関係のないご質問につきましては、一切お答えできませんので、あらかじめご了承ください。また、電話でのご質問は受け付けておりませんので、必ずFAX か書面にて下記までお送りください。
なお、ご質問の際には、必ず以下の項目を明記していただきますようお願いいたします。

1 お名前
2 返信先の住所または FAX 番号
3 書名
（ゼロからはじめる　Skype スマートガイド［改訂２版］）
4 本書の該当ページ
5 ご使用のソフトウェアのバージョン
6 ご質問内容

なお、お送りいただいたご質問には、できる限り迅速にお答えできるよう努力いたしておりますが、場合によってはお答えするまでに時間がかかることがあります。また、回答の期日をご指定なさっても、ご希望にお応えできるとは限りません。あらかじめご了承くださいますよう、お願いいたします。ご質問の際に記載いただきました個人情報は、回答後速やかに破棄させていただきます。

■ お問い合わせの例

FAX

1 お名前
技術　太郎
2 返信先の住所または FAX 番号
03-XXXX-XXXX
3 書名
ゼロからはじめる
Skype スマートガイド
［改訂２版］
4 本書の該当ページ
40ページ
5 ご使用のソフトウェアのバージョン
Skype for Windows 10
6 ご質問内容
手順３の画面が表示されない

お問い合わせ先

〒 162-0846
東京都新宿区市谷左内町 21-13
株式会社技術評論社　書籍編集部
「ゼロからはじめる　Skype スマートガイド［改訂２版］」質問係
FAX 番号　03-3513-6167
URL：https://book.gihyo.jp/116/

ゼロからはじめる　Skype（スカイプ）スマートガイド［改訂（かいてい）２版（はん）］

2017年1月20日　初版　　第1刷発行
2020年7月29日　第2版　第1刷発行

著者……リンクアップ
発行者……片岡　巌
発行所……株式会社　技術評論社
東京都新宿区市谷左内町 21-13
電話……03-3513-6150　販売促進部
03-3513-6160　書籍編集部
担当……青木　宏治
装丁……リンクアップ
本文デザイン・DTP・編集……リンクアップ
製本／印刷……図書印刷株式会社

定価はカバーに表示してあります。

ISBN978-4-297-11519-7 C3055

Printed in Japan